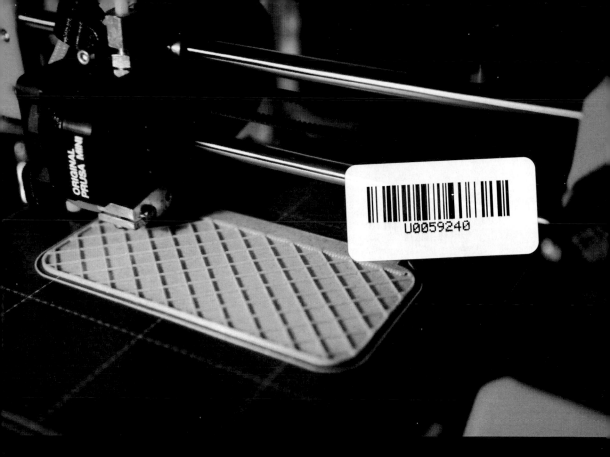

聚合物積層製造
技術

焦志偉，于源，楊衛民 編著

智 慧 製 造

目　　錄

第1章
積層製造基礎知識

以資訊技術為核心的科技產業變革已經出現，全球製造業孕育著從製造技術體系、製造模式到產業價值鏈的巨大變革，供需模式正由標準化批量生產轉變為大規模個性化定製。積層製造技術是始於 1980 年代的一種新型製造技術，是一種數位及資訊資源驅動的高新技術，被譽為「具有工業革命意義的製造技術」，一經問世就受到工業界的廣泛關注。英國《經濟學人》雜誌認為它將「與其他數位化生產模式一起推動實現第三次工業革命」，美國《時代》週刊將積層製造列為「美國十大成長最快的工業」。美國麥肯錫管理顧問公司發布的「展望 2025」報告中將積層製造技術列入決定未來經濟發展的 12 大顛覆性技術之一。中國的積層製造技術則是從 1990 年代開始的。圖 1-1 所示為現代製造模式的發展趨勢。

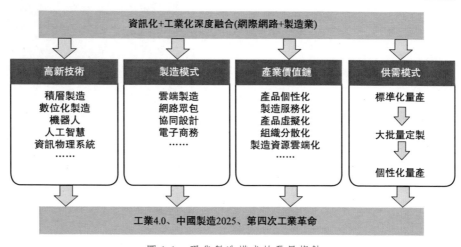

圖 1-1　現代製造模式的發展趨勢

1.1　積層製造的定義

積層製造（additive manufacturing，AM）技術是採用材料逐漸累加的方法製造實體零件的技術，能實現高度複雜結構製品的自由「生長」成形，相對於傳統的材料去除-切削加工技術，是一種「自下而上」的製造方法。積層製造技術可極大地滿足產品輕量化與高性能的設計需要，極大地解放了製造技術對於設計的限制。積層製造技術又稱為快速成形技術，現統稱為 3D 列印技術（3D printing technology）。本書後面也將積層製造技術統稱為 3D 列印技術。

美國材料與試驗協會 ASTM（American Society for Testing and Materials）F42 國際委員會將 3D 列印技術（積層製造技術）定義為：基於 3D 模型數據，採用與傳統的減法製造技術相反的逐層疊加的方式生產物品的過程，通常透過電腦控制將材料逐層疊加，最終將電腦上的三維模型變為立體實物，是大批量製造模式向個性化製造模式發展的引領技術。從廣義上來看，以各種設計數據為基礎，將各種材料（包括 ABS、PLA，甚至各種細胞等）採用逐層疊加的方式，形成所希望得到的實體結構的技術，都可以稱作積層製造技術。

1.2 3D 列印的優缺點

與傳統製造技術相比，3D 列印有如下優點。

① 賦予設計環節極高的靈活性　傳統製造技術和工匠製造的產品形狀有限，產品成形受制於所使用的設備和工具。3D 列印可以突破這些侷限，能夠製造出傳統製造技術製造不出來的、非常複雜的形狀，甚至可以製作目前可能只存在於自然界的形狀，為設計師開闢了巨大的設計空間，避免了設計的作品和零件無法製造的尷尬，為產品輕量化、高性能化、藝術化提供了技術保證。

② 能實現手版的快速製造　運用 3D 列印技術能夠快速、直接、精確地將設計思想轉化為具有一定功能的實物製品（樣件），避免了傳統製造技術製造模具高昂的成本和較長的生產週期。此外，將 3D 列印技術與傳統的模具製造技術相結合，可以大大縮短模具製造的開發週期，從而縮短了產品的成形週期，提高生產率；將 3D 列印技術與傳統鑄造技術結合，亦可縮短鑄造零件的供貨週期。

③ 材料利用率高　基於積層製造原理，由於原料和實體的材料相同，可根據生產需要訂購材料，材料的利用率非常高。同時，廢品可以進行回收，經過處理再回收到系統中去，進一步提高了材料的利用率。

④ 實現多零件組件一體化製造　傳統的大規模生產是建立在產業鏈和流水線基礎上的，在現代化工廠中，機器生產出相同的零部件，然後由工人進行組裝。產品組成部件越多，供應鏈和產品線都將拉得越長，組裝和運輸所需要耗費的時間和成本就越多。使用 3D 列印技術，由於無需考慮製造對設計的約束，可以將傳統多零件組件一體化製造，使產品無需組裝，簡化生產流程，降低生產成本，減少勞動力。

⑤ 便捷性　與傳統製造技術相比，3D 列印技術不需要刀具、夾具、

機床或者任何模具，就可以把電腦中設計的三維模型轉化為實體。因此，3D 列印所需要的機器資源更少，技術工人也更少。3D 列印能直接列印組裝好的產品，省去了人工組裝的成本。

雖然 3D 列印有以上的種種優點，但也存在以下幾個方面的不足之處。

① 在規模化生產方面尚不具備優勢　目前，3D 列印技術尚不具備取代傳統製造業的條件，在大批量、規模化製造等方面，高效、低成本的傳統減材製造法更勝一籌。現在看來，想用 3D 列印作為生產方式來取代大規模生產不太可能。且不說 3D 列印技術目前尚且不具備直接生產像汽車這樣複雜的混合材料產品，即使該技術在未來取得長足進步，完全列印一輛車只怕要耗時好幾個月，在成本上遠遠高於大規模生產汽車時均攤到每輛汽車上的成本。但是，如果能恰到好處地使用 3D 列印技術，可進一步提升產品的製造效率。

② 列印材料的限制　材料的限制主要表現為兩個方面：一方面，目前的 3D 列印技術可列印的材料種類有限，主要包括塑膠、石膏、陶瓷、砂和金屬等，還無法完全適應工業生產中所需的各種各樣的材料的列印，這使得 3D 列印技術只能應用於一些特定場合；另一方面，針對特定的 3D 印表機，可列印的材料種類更是特定的幾種或幾類，這使得針對每種或每類材料，都需要設計專屬的 3D 印表機。

③ 品質和精度有待進一步提高　首先是品質問題，由於 3D 列印採用「分層製造，層層疊加」的積層製造工藝，屬於「無壓製造」，層與層之間的結合再緊密，也無法和傳統模具整體澆鑄而成的「有壓製造」零件相媲美。零件材料的微觀組織和結構決定了零件的物理性能，如強度、剛度、耐磨性、耐疲勞性、氣密性等大多不能滿足工程實際的使用要求。其次是精度問題，由於 3D 列印技術已有的成形原理及工藝尚不完善，其列印成形的零件精度包括尺寸精度、形狀精度和表面粗糙度都有待進一步提高，大多不能作為功能性零件使用，只能作為原型件使用，從而使其應用範圍變窄。

1.3　3D 列印的分類

目前，在國際上比較認可的 3D 列印分類方法是美國材料與試驗協會（ASTM）F42 國標委員會制定的分類標準 ASTM F2972。基於 ASTM F2972 標準，可以將 3D 列印工藝分為圖 1-2 所示的 7 種類型：熔融沉積成形技術（fused deposition modeling）；光固化成形技術（vat photopolymeri-

zation)；粉末床熔融成形技術（powder bed fusion）；材料噴射成形技術
（material jetting）；黏合劑噴射成形技術（binder jetting）；定向能量沉積技
術（direct energy deposition）；積層成形技術（sheet lamination）。

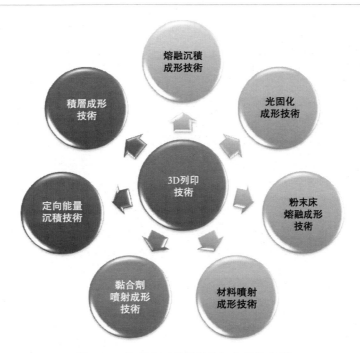

圖 1-2　3D 列印（積層製造）技術的分類

（1）熔融沉積成形技術

　　熔融沉積成形技術，標準 ASTM F2972 中稱為「material extrusion」，直
譯為「材料擠出」，顧名思義就是基於材料擠出工藝的積層製造技術，業
內通常稱為熔融沉積成形技術（fused deposition modeling，FDM）。熔
融沉積技術是最常用的 3D 列印工藝之一，其原理是將絲狀的熱熔性材料
加熱熔化，再透過一個帶有細微噴嘴的噴頭擠出來，擠出來的熱熔材料
沉積在底板上或者前一層已經固化的材料上，溫度低於固化溫度時，材
料就會固化，透過熱熔性材料的層層沉積，最終將製品成形。

（2）光固化成形技術

　　光固化成形技術是一類利用光敏材料在光照射下固化成形的 3D 列印
技術，列印材料主要是光敏樹脂，一般為液態。列印過程主要是利用紫
外線光固化每一層所需要固化樹脂的區域，而平臺在每一層固化完成後

向下移動已經固化的實體，直到最後整個實體完成成形。

（3）粉末床熔融成形技術

粉末床熔融成形技術通常被稱為鋪粉式 3D 列印技術。其原理是先利用水平鋪粉輥將粉末平鋪到印表機的基板上，再透過雷射束（電子束）按照 CAD 分層模型所獲得的數據，對基板上的粉末進行選擇性的熔化，加工出當層模型的區域。然後下降一個層高，進行下一層區域的成形。

（4）材料噴射成形技術

材料噴射成形技術是利用噴嘴噴出材料液滴，液滴沉積在工作平臺上或者沉積在上一層材料上，並使得上一層的材料部分軟化，從而使兩層材料很好地結合在一起，當所有層都結合在一起後，最終形成 3D 列印零件。材料噴射成形技術原理與黏合劑噴射成形技術原理類似。

（5）黏合劑噴射成形技術

黏合劑噴射成形技術又被稱為三維印刷（Three-Dimensional Printing, 3DP）。這種工藝採用兩種材料：一種是粉末材料，另一種是液態的黏合劑，透過列印頭的噴嘴將液態的黏合劑噴到粉末裡，從而將一層粉末在所選擇的區域裡進行黏合，層與層之間也會透過黏合劑的滲透作用黏結在一起。

（6）定向能量沉積技術

定向能量沉積技術是透過金屬粉末或者金屬絲在產品的表面上熔融固化來製造工件的，雷射或電子束能量源在沉積區域產生熔池並高速移動，材料以粉末或絲狀直接送入高溫熔區，熔化後逐層沉積。從粉末的運輸方式上來說，通常被稱為送粉式 3D 列印。

（7）積層成形技術

積層成形技術又被稱為薄材疊層技術，其原理是位於上方的切割工具首先按照分層 CAD 模型所獲的數據，將一層薄層材料按零件的截面輪廓進行切割；然後，新的一層紙疊加在工作平臺或上一層材料上，用切割工具再次進行切割；切割時工作檯連續下降，直至完成零件的製作；切割掉的紙仍留在原處，起支撐和固定作用；最後，讓單面塗有熱熔膠的捲筒紙透過熱壓裝置實現層層黏合。主要材料是可黏結的帶狀薄層材料（如塗覆紙、PVC 卷狀薄膜），切割工具通常為雷射束和刻刀。

1.4 3D 列印的標準

3D 列印標準的制定始於 2009 年，由 ASTM（美國材料與試驗協會）F42 委員會首先提出有關 3D 列印的標準 ASTM 52912，2010 年 ISO（國際標準化組織）TC/261 委員會也開始了關於 3D 列印標準的制定，期間有很多其他國際組織也進行了對 3D 列印標準的制定。2013 年 ISO TC/261 與 ASTM F42 兩個組織開始一起制定有關 3D 列印的標準，現行的有關 3D 列印的標準基本以這兩個組織合訂的標準為主。

中國全國積層製造標準化技術委員會（後面簡稱為標委會）於 2016 年成立，代號 SAC/TC562。標委會主要負責的專業範圍為積層製造術語和定義、工藝方法、測試方法、品質評價、軟體系統及相關技術服務等。截至本書成稿時，已經發布了 6 項國家標準，分別是：GB/T 35352—2017；GB/T 35351—2017；GB/T 35022—2018；GB/T 35021—2018；GB/T 37463—2019；GB/T 37461—2019。6 項標準的代號及主要內容等資訊如表 1-1 所示。

表 1-1 中國全國積層製造標準化技術委員會已發布的標準代號及其資訊

標準代號	主要內容	發布日期	實施日期	標準狀態
GB/T 35352—2017	關於積層製造文件格式的標準	2017-12-29	2018-10-01	現行
GB/T 35351—2017	關於積層製造術語的標準	2017-12-29	2018-10-01	現行
GB/T 35022—2018	關於積層製造主要特性、測試方法及零件和粉末原材料的標準	2018-05-14	2019-03-01	現行
GB/T 35021—2018	關於積層製造工藝分類及原材料的標準	2018-05-14	2019-03-01	現行
GB/T 37463—2019	關於塑膠材料粉末床熔融工藝規範的標準	2019-05-10	2019-12-01	現行
GB/T 37461—2019	關於積層製造雲端服務平臺模式規範的標準	2019-05-10	2019-12-01	現行

在此之前，只有中國全國特種加工機床標準化委員會制定的一些關於積層製造設備的標準，主要有以下幾個標準：GB/T 14896.7—2015；GB/T 20317—2006；GB/T 20318—2006；GB 20775—2006；GB 25493—2010；GB/T 25632—2010；GB 26503—2011。各個標準主要內容見表 1-2。

表 1-2 中國關於積層製造設備的標準

標準代號	主要內容
GB/T 14896.7—2015	規定了關於積層製造機床的標準術語
GB/T 20317—2006	規定了熔融沉積快速成形機床精度檢驗方面的標準
GB/T 20318—2006	規定了熔融沉積快速成形機床參數方面的標準
GB 20775—2006	規定了熔融沉積快速成形機床安全防護技術要求方面的標準
GB 25493—2010	規定了以雷射為加工能量的快速成形機床關於安全防護技術要求方面的標準
GB/T 25632—2010	規定了快速成形軟體數據介面的標準
GB 26503—2011	規定了快速成形機床安全防護技術要求方面的標準

在標準計劃方面，除了上面已經制定完成的 6 項標準外，標委會還有 1 項國標計劃正在批准，7 項國標計劃正在起草。這 8 項國標計劃的計劃號和內容如表 1-3 所示。

表 1-3 標委會未發布的國標計劃的計劃號及主要內容等資訊

計劃號	項目主要內容	下達日期	項目狀態
20151392-T-604	制定關於積層製造設計要求、指南和建議方面的標準	2015-08-18	正在批准
20173701-T-604	制定關於積層製造金屬材料定向能量沉積工藝規範方面的標準	2018-01-09	正在起草
20173700-T-604	制定關於積層製造金屬件熱處理規範方面的標準	2018-01-09	正在起草
20173698-T-604	制定關於積層製造金屬材料粉末床熔融工藝規範方面的標準	2018-01-09	正在起草
20173699-T-604	制定關於積層製造材料擠出成形工藝規範方面的標準	2018-01-09	正在起草
20180182-T-604	制定關於積層製造數據處理方面的標準	2018-03-20	正在起草
20184168-T-604	制定關於積層製造積層技術製造金屬件機械性能評價通則方面的標準	2018-12-29	正在起草
20184169-T-604	制定關於積層製造材料、粉末床熔融用尼龍 12 及其複合粉末方面的標準	2018-12-29	正在起草

在國際標準方面，在 ISO 和 ASTM 兩個組織聯合制定標準之前，ISO 制定過 ISO 27547-1：2010 標準，該標準主要是關於雷射燒結的條件對所成形製品的影響、透過雷射燒結製備熱塑性材料的試樣時要遵循的一般原則以及無模技術製備試樣的一般原則。

F42 和 TC/261 聯合制定標準之後決定將積層製造標準分為 4 個方面，

分別是：①協調現有的 ISO 17296-1 和 ASTM 52912 術語標準；②標準測試工件；③購買積層製造部件的要求；④設計指南。其中，①③兩方面由 ISO 進行召集和制定，②④兩方面由 ASTM 進行召集和制定。

ISO 與 ASTM 到目前為止已經出版的聯合標準主要有以下 5 個：ISO/ASTM 52921：2013；ISO/ASTM 52900：2015；ISO/ASTM 52915：2016；ISO/ASTM 52901：2017；ISO/ASTM 52910：2018。五個聯合標準的主要內容如表 1-4 所示。

表 1-4　五個聯合標準的主要內容

標準代號	主要內容
ISO/ASTM 52921：2013	主要規定了關於標準術語、座標系和測試方法的標準
ISO/ASTM 52900：2015	主要規定了關於積層製造的一般原則和術語的標準
ISO/ASTM 52915：2016	主要規定了積層製造文件格式（AMF）的規範
ISO/ASTM 52901：2017	主要規定了透過積層製造生產的採購零件的要求
ISO/ASTM 52910：2018	主要闡述了關於積層製造設計的要求、指導和建議

在聯合制定標準之後 ISO 單獨制定的標準有以下 3 個：① ISO 17296-3：2014；②ISO 17296-4：2014；③ISO 17296-2：2015。其中①主要是關於測試方法的標準，②是關於設計/數據格式方面的標準，③是關於工藝類別和原料概述方面的標準。ASTM 單獨制定的標準主要分為兩個方面：①測試方法；②材料和流程。其中測試方面的標準只有兩個 ASTM F2971-13 和 ASTM F3122-14，前者主要是關於匯報積層製造試樣的數據的標準規程，後者是關於評估由積層製造工藝製造的金屬的機械性能的標準指南。而材料和流程方面的標準有很多，例如 ASTM F2924-14、ASTM F3001-14、ASTM F3049-14 等，這裡不展開說明。

目前 ISO 與 ASTM 兩個組織還在不斷地制定一些新標準，其中正在審核的標準有 25 項，這 25 項可以分為以下幾個方面：一般原則；設計；數據格式；資格原則；環境健康與安全；材料擠出；金屬粉末床。25 項待審核標準分類及主要內容見表 1-5。

表 1-5　ISO 與 ASTM 制定的 25 項待審核標準分類及主要內容

分類	標準代號	主要內容
一般原則	ISO/ASTM DIS 52900	主要是關於積層製造基礎知識和詞彙方面的規定和說明
	ISO/ASTM DTR 52905	關於積層製造成品的無損檢測
	ISO/ASTM CD TR 52906	關於積層製造成品部件缺陷的標準指南

SS,J＊2；Y2＜續表

分類	標準代號	主要內容
一般原則	ISO/ASTM CD 52950	關於數據處理概述方面的標準
	ISO/ASTM CD 52921	關於積層製造的標準術語、座標系和測試方法的標準,同樣這個標準也是對 2013 年制定的 ISO/ASTM 52921:2013 標準的更新
設計	ISO/ASTM CD TR 52912	關於功能分級的積層製造的標準
數據格式	ISO/ASTM DIS 52915	是對 2016 年出版的 ISO/ASTM 52915:2016 標準的更新,主要是制定了積層製造文件格式(AMF)版本 1.2 的規範
	ISO/ASTM WD 52916	關於優化醫學圖像數據的標準規範
	ISO/ASTM CD TR 52918	有關於文件格式支持、生態系統和演變的標準
資格原則	ISO/ASTM AWI 52924	關於聚合物部件積層製造的品質等級的標準
	ISO/ASTM WD 52925	關於使用雷射進行粉末床熔合的聚合物材料的鑑定的標準
	ISO/ASTM DIS 52942	關於航空航太領域金屬粉末床熔合 3D 印表機器和設備操作人員的資格標準
環境健康與安全	ISO/ASTM AWI 52931	關於金屬材料使用的標準指南
	ISO/ASTM WD 52932	關於使用材料擠出法測定臺式 3D 印表機顆粒排放率的標準測試方法
材料擠出	ISO/ASTM FDIS 52903-1	關於原材料
	ISO/ASTM DIS 52903-2	關於工藝與設備
	ISO/ASTM CD 52903-3	關於最終製品
金屬粉末床	ISO/ASTM FDIS 52911-1	金屬雷射粉末床熔合
	ISO/ASTM FDIS 52911-2	聚合物雷射粉末床熔融
	ISO/ASTM FDIS 52904	金屬粉末床熔合工藝的實踐,以滿足關鍵應用
	ISO/ASTM FDIS 52907	表徵金屬粉末的方法
	ISO/ASTM AWI 52909	金屬粉末床熔合力學性能的取向和位置依賴性
	ISO/ASTM FDIS 52902	積層製造系統的幾何能力評估
	ISO/ASTM AWI 52908	粉末床熔融金屬零件的品質保證和後處理的標準規範
	ISO/ASTM DIS 52941	航空航太領域金屬粉末床熔合 3D 列印設備驗收的標準測試方法

　　隨著 ISO 和 ASTM 兩個組織對 3D 列印標準制定的不斷深入、不斷嚴格、不斷細化,3D 列印技術也發展得越來越快。相信在不久的將來,3D 列印一定會有更多的應用,讓人們更好地起自己的設計才能。

參考文獻

[1]　盧秉恆, 李滌塵 . 增材製造（3D 打印）技術發展[J]. 機械製造與自動化, 2013, 42 (04)：1-4.

[2]　李滌塵, 賀健康, 田小永, 等 . 增材製造：實現宏微結構一體化製造[J]. 機械工程學報, 2013, 49 (06)：129-135.

[3]　金楓 . 基於黏結劑噴射的噴墨砂型三維打印技術新進展[J]. 機電工程技術, 2018, 47 (09)：109-114.

[4]　朱艷青, 史繼富, 王雷雷, 等 . 3D 打印技術發展現狀[J]. 製造技術與機床, 2015 (12)：50-57.

[5]　陳曉紆 . 基於 ASTM F2792 標準的金屬 3D 打印技術體系及其在雲製造平臺中的應用[J]. 工業技術創新, 2018, 05 (04)：18-25.

[6]　Jian Yuan Lee, Jia An, Chee Kai Chua. Fundamentals and applications of 3D printing for novel materials［J］. Applied Materials Today, 2017 (7)：120-133.

[7]　周文秀, 韓明, 黃樹槐, 等 . 薄材疊層製造材料的分析［J］. 材料導報, 2002 (03)：59-61.

[8]　薛文彬, 袁丹 . 薄材疊層製造（LOM）型快速成形機在小型零件加工中的運用[J]. 電子製作, 2013 (19)：51.

第2章
熔融沉積成形技術

熔融沉積成形技術於 1988 年由美國的 Scott Crump 提出。次年，Scott Crump 成立了 Stratasys 公司，該公司目前為 3D 列印行業的龍頭企業之一。1992 年，第一臺基於熔融沉積成形技術的 3D 列印產品出售。由於 FDM 技術使用熱熔噴頭替代了雷射燒結工藝的雷射器，使 FDM 3D 列印設備的成本大幅降低，同時提高了 FDM 技術的普及性和易用性，甚至在可預期的未來實現每個家庭均擁有一臺 3D 印表機。這種分布式加工模式將在一定程度上顛覆傳統集成式製造的加工方式。

2.1 熔融沉積成形技術的原理、設備和材料

2.1.1 熔融沉積成形原理

熔融沉積成形技術的工作原理是將加工成絲狀的熱熔性材料經過送絲機構送進熱熔噴頭，在噴頭內絲狀材料被加熱熔融，同時噴頭沿零件切片輪廓和填充軌跡運動，並將熔融的材料擠出，使其沉積在指定的位置後凝固成形，與前一層已經成形的材料黏結，層層堆積最終形成產品模型。熔融沉積成形系統組成和工作原理如圖 2-1 所示。

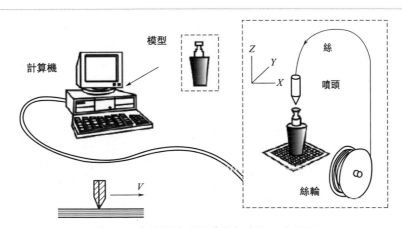

圖 2-1 熔融沉積成形系統組成和工作原理

2.1.2 熔融沉積成形設備

如圖 2-2(a) 所示，熔融沉積成形設備主體由三維移動機構、擠出裝

置、噴頭與成形平臺組成。三維移動機構控制噴頭與成形平臺相對運動，進而實現空間立體成形。圖 2-2(b) 所示為熔融沉積成形設備擠出裝置，大多為電機控制的兩齒輪相對旋轉嚙合絲狀耗材［見圖 2-2(c)］送入熱熔噴頭，使其熔融擠出並堆積在成形平臺上。噴頭與成形平臺透過控制系統精確聯動控制擠出耗材的三維空間，精確定位沉積堆疊。

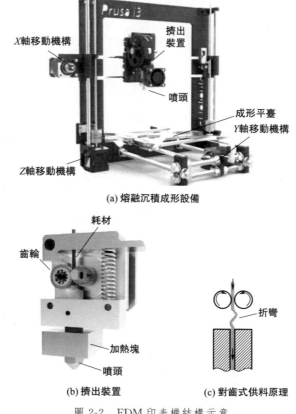

(a) 熔融沉積成形設備

(b) 擠出裝置　　(c) 對齒式供料原理

圖 2-2　FDM 印表機結構示意

　　熔融沉積成形設備的移動機構按驅動方式劃分，可分為同步帶傳動和絲槓傳動。同步帶傳動是由電機驅動同步帶的主動輪轉動，進而由皮帶帶動直線導軌上的滑塊前後移動。同步帶具有噪音低、移動速度快、成本較低等特點，可以實現比絲槓更高的速度，但同步帶傳動的定位精度比絲槓要低。絲槓傳動即由電機透過聯軸器或同步帶輪驅動絲槓轉動，進而推動固定在直線導軌上的滑塊前後移動。絲槓傳動具有定位精度高、摩擦力小、剛性高、負載能力強特點，可實現精準定位。

　　熔融沉積成形設備的成形座標系可分為空間直角座標系（笛卡兒座標系）和極座標系。大多數設備採用空間直角座標系，其結構和控制系統相對簡單。目前快速發展的以極座標系為成形座標系的設備相比於空間直角座標系的設備而言，具有設備零件少、設備體積小、成形空間大等優點，也為使用者提供了另一種成形結構和演算法。

2.1.3　熔融沉積成形材料

　　熔融沉積成形技術所採用的材料為圓形截面的熱塑性高分子聚合物絲狀耗材，絲的直徑通常為 1.75mm 或 3mm。為保證擠出裝置供料的穩定性，要求材料具有一定的模量，因此常規的熔融沉積成形設備不適應 TPU 等軟彈性材料的成形要求，否則在供料過程中容易出現材料折彎等不穩定現象，如圖 2-2(c) 所示。

　　材料在加工過程中要經過固態、熔融態、冷卻固化三個階段，這就要求材料具有熔融溫度較低、熔融狀態下黏度低、較低的收縮率和足夠的黏結強度等性質。具體而言，材料熔融溫度越低，對噴頭加熱元件以及設備流道密封要求低；材料熔融狀態下黏度低可使材料具有較好的流動性，有助於材料順利擠出，且有利於與上一層的黏結；較低的收縮率可避免已沉積材料在冷卻過程中產生嚴重的翹曲變形，保證列印過程的順利進行與列印精度。目前最常見的熔融沉積成形材料為 ABS（丙烯腈-丁二烯-苯乙烯共聚物）和 PLA（聚乳酸）。

2.2　熔融沉積成形製品品質的影響因素

2.2.1　傳動結構對製品品質的影響

　　不同設備的三維傳動結構不同，對製品成形品質有著一定的影響。圖 2-3 所示為兩款典型的不同傳動結構的熔融沉積成形 3D 印表機，為方便論述，分別稱其為 A 型和 B 型。

　　這兩款機型均為同步帶傳動，但三維傳動方式不同。A 型 3D 印表機三維運動方式為噴頭沿 X、Z 方向運動，平臺沿 Y 方向運動（以使用者面向印表機視線方向為 Y 方向，水平方向垂直於 Y 方向為 X 方向，豎直方向為 Z 方向），實現三軸聯動。而 B 型印表機為噴頭沿 X、Y 水平方向運動，平臺沿 Z 方向運動。

(a) A型　　　　　　　　　　　　　　(b) B型

圖 2-3　熔融沉積成形 3D 印表機

　　不同三維運動方式導致列印過程對圓柱體模型產生的振動不同。使用兩款 3D 印表機以相同材料和相同列印參數製作直徑 6mm、高度 100mm 的圓柱體，如圖 2-4 所示。

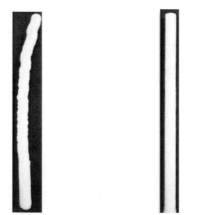

(a) A型3D印表機製作　　　(b) B型3D印表機製作

圖 2-4　圓柱體模型實際效果

　　由圖 2-4 可知，B 型 3D 印表機製作的圓柱體表面較為光滑，而 A 型 3D 印表機製作的圓柱體頂端有明顯水平方向位移，導致列印失敗。如圖 2-5所示，由於 A 型 3D 印表機的成形平臺沿 Y 方向運動，當平臺高速運動時，隨列印位置升高，製品頂部擺動幅度增大，噴頭擠出的熔融耗材不能在規定位置沉積，導致層紋明顯，產生水平位移，甚至擺動幅度過大導致製品脫落，成形失敗。

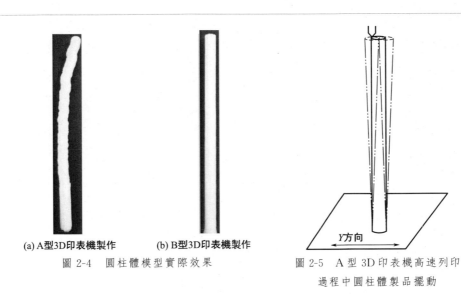

(a) A型3D印表機製作　　(b) B型3D印表機製作

圖 2-4　圓柱體模型實際效果

圖 2-5　A 型 3D 印表機高速列印
過程中圓柱體製品擺動

Y方向

　　A 型 3D 印表機工作時可適度降低沿 Y 方向移動的速度，減小製品擺動幅度，提高製品精度和成形成功率，也可在列印設置中在製品與成形平臺接觸面下方加一底座，如圖 2-6 所示，底座形狀與製品底面形狀相同且底座面積比製品底面大，增加製品與成形平臺接觸面積也可減小平臺高速運動時製品的側向擺動幅度，提高製品精度。而 B 型 3D 印表機工作時其平臺沒有側向運動慣量，故列印速度改變對其製品精度影響較小。

圖 2-6　增加底座效果

　　圖 2-7(a) 所示為一種並聯臂式傳動結構的 3D 印表機，該結構的 3D 列印設備列印速度較快，但列印精度稍低，且噴頭調平困難，故未能大規模應用。圖 2-7(b) 所示為一種五軸聯動 3D 印表機，該設備成形平臺可變換角度，亦可旋轉，可有效避免使用支撐結構，一定程度上可以提高設備加工精度、材料利用率和可加工零件樣式，故該結構具有較好的發展前景。

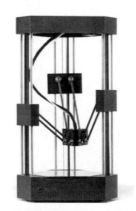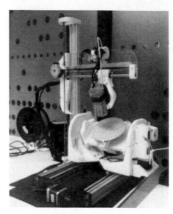

(a) 並聯臂式傳動結構3D印表機　　　　　　(b) 五軸聯動3D印表機

圖 2-7　其他傳動方式的 3D 印表機

　　根據設備製得製品精度級別和列印穩定性的不同，熔融沉積成形設備可分為消費級與工業級，如圖 2-8 所示。工業級設備製得的製品精度、強度較高，可滿足工業上的部分需要，如 3D 列印的航空器、汽車結構件；而消費級設備價格低廉，雖不能達到工業要求，但依然可以滿足製作日常用品的需要，可見熔融沉積成形 3D 列印技術應用場景的覆蓋面較為廣泛。

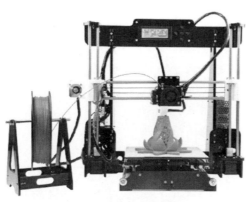

(a) 消費級3D印表機　　　　　　　　　　　(b) 工業級3D印表機

圖 2-8　熔融沉積成形設備及製品

2.2.2　材料種類對製品品質的影響

不同的列印材料列印的製品具有不同的品質。在製品列印過程中熔融耗材從下至上堆積，在溫度迅速降低過程中，層間、製品表層與內部溫度差異導致體積收縮量不同而產生內應力，由此產生翹曲變形，嚴重影響製品精度，甚至導致成形失敗。通常來講，材料收縮率越小、熔融流動性越好、列印溫度越低，越利於提高列印製品品質。ABS 屬於非結晶性熱塑型高分子材料，收縮率為 0.4％～0.9％，無毒、無味，未改性粒料外觀呈象牙色半透明。PLA 是以乳酸為主要原料聚合得到的聚合物，原料來源充分，而且可生物降解，主要以玉米、木薯等為原料，收縮率約為 0.3％，熱穩定性好，加工溫度 175℃左右。

(a) PLA材料　　　　　　　　　(b) ABS材料

圖 2-9　熔融沉積成形工藝列印製品翹邊現象

圖 2-10　熔融沉積成形工藝製品底座

圖 2-9 所示為 PLA 材料和 ABS 材料列印製品的邊緣照片，明顯可見 ABS 材料翹曲現象更為嚴重，外形誤差較大。改善翹曲變形現象有以下方法：

① 提高列印環境溫度，減小環境溫度與製品溫差，可透過增加成形腔內整體加熱或成形平臺加熱功能解決。

② 利用切片軟體在製品下方增加大面積製品底座,如圖 2-10 所示,增大製品底面與成形平臺接觸面積,使製品與成形平臺接觸更加緊密。

③ 更換收縮率較小的材料或改善材料性能。

④ 增加成形平臺粗糙度,增大製品底面與成形平臺接觸面積。

2.2.3　工藝參數對製品品質的影響

熔融沉積成形工藝中有眾多可調整的工藝參數,這些工藝參數將直接影響製品的成形品質。下面對熔融沉積成形工藝的主要工藝參數對製品品質的影響進行逐一分析。

(1) 層高

熔融沉積 3D 印表機噴頭孔徑大多為 0.2～0.4mm,噴頭形狀為圓形,為保證上下兩層能夠牢固地黏結,層高需要小於噴頭直徑。如圖 2-11 所示,當 PLA 材料列印層高小於噴頭直徑時,透過噴頭對熔融狀態耗材向下的擠壓與耗材擠出量的控制實現材料的沉積。

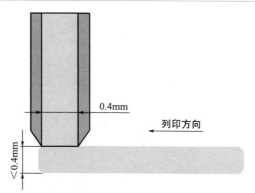

圖 2-11　PLA 材料層高小於噴頭直徑時的成形狀態

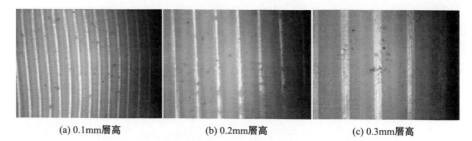

(a) 0.1mm層高　　　　　　(b) 0.2mm層高　　　　　　(c) 0.3mm層高

圖 2-12　光學顯微鏡下不同層高 PLA 製品表面品質

理論上製品表面精度主要由層高決定,層高越小,表面層紋凸起部

分越小，其表面粗糙度越小，精度越高。如圖 2-12 所示為光學顯微鏡下 PLA 材料列印層高分別為 0.1mm、0.2mm 和 0.3mm 時製品的表面品質。3D 列印是一種由下至上的逐層堆疊成形技術，故每層堆疊的層高對於製品精度有重大影響，尤其是在製品表面有一定斜度的情況下，如圖 2-13所示，實際列印製品輪廓會與理論模型產生一定尺寸超差，製品表面出現階梯狀紋路，我們稱之為「臺階效應」。

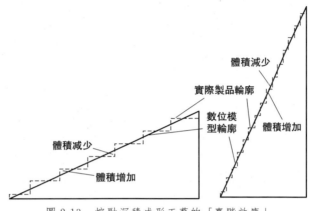

圖 2-13　熔融沉積成形工藝的「臺階效應」

　　層數增加，製品實際輪廓相較於理論模型輪廓的超差部分體積越小；層高相同、斜度越大，製品實際輪廓相較於理論模型輪廓的超差部分體積越小。反之層數越少、斜度越小、層高越大，臺階效應越明顯。

（2）填充樣式與填充率

圖 2-14　熔融沉積成形工藝製品內部網格填充

熔融沉積成形工藝製品內部可設置不同密度、不同樣式的網格填充，如圖 2-14 所示。填充率為 100％則製品是實心結構，填充率為 0 則製品是空殼結構，填充率越高，製品強度越高。製品內部的填充網格的密度與形狀可根據製品所需強度不同而自由設定，使製品在力學強度與節省材料間選取最佳平衡點。

圖 2-14　熔融沉積成形工藝製品內部網格填充

（3）列印速度

熔融沉積成形工藝噴頭與運動平臺的相對運動速度即為列印速度。如圖 2-15 所示，以噴頭運動為例，在快速折返運動或圓周運動時，噴頭會在 X 方向或 Y 方向做快速的「加速-減速」運動。由於 3D 印表機的列印速度控制一般為開環控制，慣性會使噴頭運動超出指定位置，使製品尺寸大於理想尺寸。

對於改善製品表面因噴頭慣性產生均勻凹凸痕跡的現象，可採用適當降低填充速度的方式或降低填充與外部邊界的重疊率實現。

（4）溫度

對於熱塑性高分子材料而言，流動性與溫度成正相關。溫度過高，材料流動性過好，會導致製品邊緣不規則、發生變形、成形尺寸與理想尺寸不一致等現象產生；溫度過低，材料流動性變差，可能會產生出料不穩定、層間黏結性差等問題。

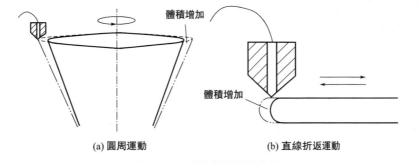

(a) 圓周運動   (b) 直線折返運動

圖 2-15　噴頭實際運動軌跡

（5）支撐

圖 2-16　FDM 工藝支撐部分示意

如圖 2-16 所示，當製品為上端大、底部小的形狀時，其上方懸空部分的正下方必須製作支撐纔可架起上方製品。支撐部分在列印結束後需去除，但製品表面與填充網格的點接觸部分難以完全去除，導致製品介面邊緣極為粗糙，無法滿足製品精度要求。故對於表面精度要求較高的模型，應儘量避免支撐的使用或將支撐與製品接觸面設置在製品的非功能面。

如圖 2-17 所示，支撐部分為網格狀，製品實體部分依靠熔絲自身張力懸放於支撐網格上方，支撐部分與製品實體部分為點接觸，熔絲由於自身重力原因在支撐網格的空隙會發生下垂現象，導致製品邊界部分變形或超出理想邊界。

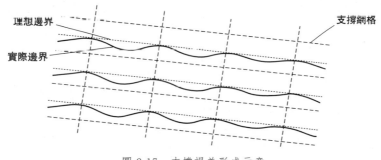

圖 2-17　支撐誤差形成示意

　　影響熔融沉積成形製品品質的工藝參數眾多，各參數間存在耦合關係且參數與製品品質間的關係很大程度上與 3D 列印設備相關，導致了難以對工藝參數與製品品質進行定量分析，本書僅對較為重要的影響因素進行了定性分析。無論是定性分析還是定量分析，都可為提高熔融沉積成形製品品質提供理論指導並有助於進一步推動熔融沉積成形技術進入工業、醫療、建築以及日常消費領域的實際應用之中。

2.3　熔融沉積成形技術的優缺點

　　熔融沉積成形技術之所以能被廣泛應用並得到迅速發展，主要因為其具有以下優點：

　　① 可反映列印耗材的本真性能　如 PLA 3D 列印製品可具有 PLA 材料較好的生物相容性與可降解性能，採用纖維增強材料可有效提升基體材料的力學性能等。

　　② 成形精度較高　熔融沉積成形工藝的分層厚度可達 0.1mm，可有效保證一般用途零件的使用要求。

　　③ 成形零件具有優良的綜合性能　經檢測，使用 ABS、PLA 等材料成形的零件，其力學性能可達到注塑零件的 60%～80%。如果能使列印方向與受力方向協同，其力學性能可接近或超過注塑零件。此外，熔融沉積成形工藝製作的零件在尺寸穩定性、對環境的適應能力方面遠遠超過用 SLS、LOM 等成形工藝製作的零件。

　　④ 設備簡單、低廉、可靠性高　由於這種工藝中不使用雷射器及其電源，很大程度上簡化了設備，使機身尺寸大幅減小，且成本降低。

　　⑤ 成形過程對環境無汙染　這種工藝所使用的材料一般為無毒、無味的熱塑性材料，因此對周圍環境不會造成汙染，並且在運行過程中噪音很低，適合於辦公應用。

　　除上述優點以外，熔融沉積成形技術有如下缺點：

　　① 成形材料種類有限。傳統的熔融沉積成形設備難以勝任彈性體、熱固性塑膠、金屬、陶瓷等多樣化材料的列印成形要求。

　　② 受成形空間的限制。傳統的熔融沉積成形設備通常採用直徑為 1.75mm 的絲狀耗材，只能製造中小型零件，大型零件由於效率極低而失去可行性。

　　③ 成形過程中不可避免的「臺階效應」使成形零件表面具有明顯的紋理。

　　④ 成形過程為「點→線→面」方式，成形時間較長，效率較低。

⑤ 由於塑性材料的熱脹冷縮，該工藝在成形薄板類零件時，易發生翹曲變形。

使成形零件具有更好的精度和力學性能，是熔融沉積成形技術急待解決的關鍵問題。就此問題，眾多研究者所運用的方法主要可以歸結為兩種：第一種是對現有熔融沉積成形設備進行改進；第二種是對現有的熔融沉積成形設備的工藝參數進行優化配置，使成形零件的精度和力學性能指標達到最佳。

2.4　基於熔融沉積成形原理的創新工藝

熔融沉積成形工藝已經歷了近 30 年快速發展，且仍處於高速發展期。基於熔融沉積成形的基本原理，近年來發展了多種快速成形方式，例如：熔體微分 3D 列印工藝；多色、混色、多材料 3D 列印工藝；陶瓷 3D 列印工藝；金屬 3D 列印工藝等。

2.4.1　熔體微分 3D 列印工藝

目前熔融沉積成形工藝因有受限於耗材形態種類、加工製品尺寸較小等缺點，一直難以在工業場合廣泛應用。針對上述不足，北京化工大學楊衛民教授研發了聚合物熔體微分 3D 列印工藝。該工藝可直接採用塑膠粒/粉料作為原材料，消除了傳統設備對材料模量的要求，拓寬了耗材選用範圍，同時降低耗材成本，在加工大型工業製品和批量列印方面具有獨特優勢。

（1）熔體微分 3D 列印工藝原理

熔體微分 3D 列印是基於熔融沉積成形方法的一種成形工藝，其成形過程包括耗材熔融、按需擠出、堆積成形三部分。熔體微分 3D 列印的工作過程如圖 2-18 所示，以熱塑性粒料為原料，使其在機筒中加熱熔融，並由螺桿建壓、輸送至熱流道；熔體經熱流道輸送至閥腔中，閥針開合可控，熔體可選擇性地以微絲或微滴形式按需擠出噴嘴，形成熔體「微單元」。熔體微單元會在三維移動平臺上按需排布並逐層堆疊，最終形成三維製品。

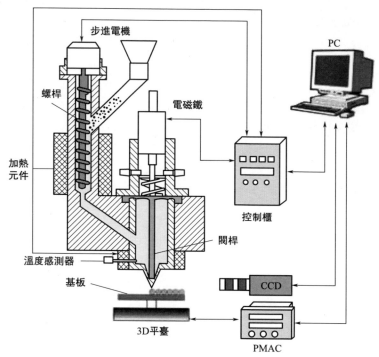

圖 2-18　熔體微分 3D 列印工作原理

（2）熔體微分 3D 列印系統及設備

熔體微分 3D 列印系統包括結構單元和控制單元兩部分，其中結構單元包括耗材塑化裝置、按需擠出裝置、堆積成形裝置；控制單元包括運動控制裝置、溫度調節裝置、耗材檢測裝置、壓力回饋裝置，如圖 2-19 所示。

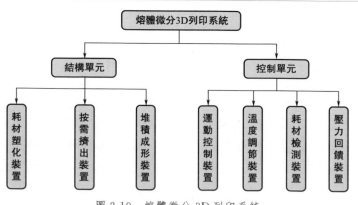

圖 2-19　熔體微分 3D 列印系統

圖 2-20　熔體微分
3D 列印成形設備

圖 2-20 所示為楊衛民團隊根據熔體微分 3D 列印基本成形原理設計製造的熔體微分 3D 列印成形設備。

（3）熔體微分 3D 列印工藝特點

熔體微分 3D 列印工藝具有如下性能特點：

① 材料適應性廣。採用螺桿式供料裝置，材料形態方面，可直接列印熱塑性高分子材料粒料及粉料，打破了目前熔融沉積設備大多只能採用絲狀耗材的材料形態侷限；材料種類方面，由於該成形方法特殊的擠出結構設計，對於材料的適配性極好，不僅可以直接加工熱塑性的剛性高分子材料，還可以直接列印類似熱塑性聚氨酯彈性體（TPU）的彈性體材料。此外可用基於該技術的設備直接列印金屬粉末或陶瓷粉末與黏合劑的漿體，透過後期粉末冶金的方式可以得到純度較高的金屬或者陶瓷製品。該技術相比於傳統基於雷射燒結技術的金屬和陶瓷 3D 列印設備而言，在保證製品強度和精度與傳統設備成形製品相當的前提下，大幅降低了成形成本，為大型化 3D 列印提供了可能性。

② 豐富了堆積單元的形態，提高了製品品質。熔體微分 3D 列印設備採用針閥式結構作為熔體擠出控制裝置，避免了敞開式噴嘴容易流延的情況；透過控制閥針開合，能夠精確控制熔體的擠出流量和擠出時間，提高熔體「微單元」的精度。

③ 透過列印模型的區域劃分，在製備人型製品時，透過多噴頭同時列印的方法，可以成倍提高 3D 列印效率，並減小因內應力造成的形變。

④ 可提高耗材配方研發效率。目前已有眾多研究者採用熔體微分 3D 列印工藝進行 3D 列印創新材料體系的開發。在本工藝之前，新 3D 列印材料配方體系須先精密擠出線條後再進行 3D 列印以驗證其列印性能；利用熔體微分 3D 列印工藝，可在製得新材料後直接進行 3D 列印，縮短材料開發週期。

（4）熔體微分 3D 列印案例

① TPU 3D 列印　圖 2-21 展示了利用熔體微分 3D 列印設備列印的 TPU 製品，製品的彎曲性能較好，可實現隨意彎曲，且變形後能夠迅速回彈，韌性較好。

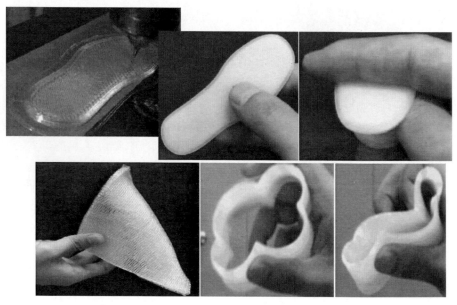

圖 2-21　熔體微分 3D 列印設備列印的 TPU 製品

② 複合材料 3D 列印　圖 2-22(a)、(b) 展示了基於熔體微分 3D 列印實驗平臺製備的碳納米管/聚乳酸（CNT/PLA）導電複合材料電路。可以看出，電路寬度一致，列印穩定，且與基材有很好的黏結效果。當基材彎曲時，電路隨之彎曲，可用於製備柔性電路。圖 2-22(c) 為 3D 列印的防靜電外殼，製品表面緻密，無斷絲、毛刺及過度堆積等現象，堅固抗摔；圖 2-22(d) 為層間結構放大圖，熔體呈現圓柱狀，層與層之間保持良好連接，說明在垂直方向能保持良好的力學性能。

③ 金屬材料 3D 列印　圖 2-23 展示了利用熔體微分 3D 列印設備列印不鏽鋼粉末與聚合物共混材料的金屬毛坯和後期加工得到不鏽鋼製品的全過程及列印的純銅製品。

熔體微分 3D 列印工藝不僅在加工材料方面相比傳統熔融沉積成形技術有著突出的優勢，在成形加工工藝上也具有獨一無二的特性，即以材料微滴為最小成形單元，微滴按需堆疊進行三維立體成形，對於該成形技術的詳細工藝環節將在第 5 章中具體講解。

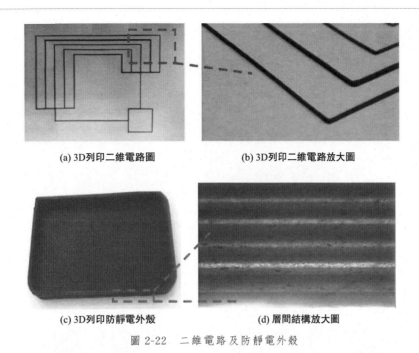

(a) 3D列印二維電路圖　　　　(b) 3D列印二維電路放大圖

(c) 3D列印防靜電外殼　　　　(d) 層間結構放大圖

圖 2-22　二維電路及防靜電外殼

(a) 不鏽鋼3D列印製品　　　　(b) 純銅3D列印製品

圖 2-23　熔體微分 3D 列印設備列印的金屬製品

(5) 工業級熔體微分 3D 列印系統

　　北京化工大學楊衛民教授依據熔體微分 3D 列印基本原理，設計並製造大型塑膠製品的工業級熔體微分 3D 印表機，如圖 2-24 所示，擠出系統固定在 Z 軸垂直運動軸上，運動平臺可沿 X、Y 方向運動，列印體積為 1500mm×1500mm×1500mm。

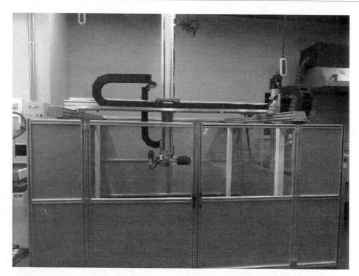

圖 2-24　基於雙階螺桿擠出的大型工業級熔體微分 3D 印表機

　　工業級熔體微分 3D 印表機可用於製造鑄造模具來替代傳統鑄造工藝所採用的木質模具，一定程度上提升開模效率，提高鑄造產業經濟收益。如圖 2-25(a) 所示為某零件陽模的三維數位模型。如圖 2-25(b) 為採用噴嘴直徑為 5mm 的設備列印得到的陽模製品，精度較低，表面品質較差，但列印成形速度較傳統開模工藝成倍縮減。經數控機床後處理後，如圖 2-25(c) 所示，陽模的精度和表面光潔度均有大幅提高，滿足實際工業使用需要。

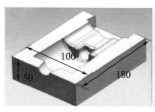

(a) 三維數位模型　　　　　　(b) 3D列印陽模製品　　　　　　(c) 後處理製品

圖 2-25　3D 列印鑄造模具

　　利用大型工業級熔體微分 3D 印表機可高速、低成本製備大型塑膠模具及製品，在鑄造用木模製造領域有較好的應用前景，一定程度上能提升開模效率，提高鑄造產業經濟收益。

　　圖 2-26 所示為基於熔體微分 3D 列印原理的多噴頭熔體微分 3D 列印設備，可實現多種材料的同時列印，可在同一製品中同時展現多種材料的性能，使 3D 列印製品的應用場景更為廣泛。

圖 2-26　　多噴頭熔體微分 3D 列印設備

2.4.2　多色 3D 列印工藝

　　隨著對 3D 列印的認識與需要的逐步提升，人們對 3D 列印物品的創意、工藝、價格和美觀等要求也不斷提高。目前，基於熔融沉積成形技術的彩色 3D 列印實現方式主要有：單噴頭列印，中途暫停換料續打；全彩色墨水染色；3D 列印後自動上色；雙噴頭或多噴頭裝載不同顏色線材，控制不同顏色擠出；透過材料混合頭將不同顏色的耗材續接在一起，製作彩色耗材；採用混色方案，使用多入口單出口內置混料熔腔的設計，以實現多色列印的效果。

　　美國 Makerbot 公司在 2013 年發布了 Makerbot 2X 雙噴頭列印設備，如圖 2-27 所示。採用雙噴頭雙色列印方案，其優點在於可以精確控制製品各部位顏色，但噴頭數限制了其製品顏色種類，該設備只可使用兩種顏色進行列印。

　　2014 年來自美國紐澤西州的 Michael Stabile 在眾籌平臺 Kickstarter 上發布了全球首個帶四個噴頭的擠出機 Multistruder，如圖 2-28 所示，Multistruder 擠出機可掛載在目前任意一臺熔融沉積成形設備的噴頭處，可使用其 4 個噴頭分別列印 4 種顏色的耗材。

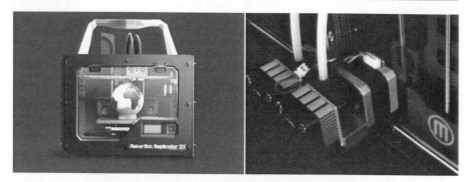

圖 2-27　Makerbot 2X 雙噴頭列印設備以及雙噴頭

圖 2-28　Multistruder 4 色擠出機

　　美國威斯康星-麥迪遜大學（University of Wisconsin-Madison）的 Cedric Kovacs-Johnson 和 Charles Haider，透過對單色聚合物材料施加染色工藝來實現全彩色的 3D 列印。其工作原理是透過精確計算各自位置所需的顏色，然後用不同顏色的墨水去染列印耗材中相應的部分。這種彩色 3D 列印無需多個噴嘴和多種不同顏色的線材，只需要一個噴嘴即可實現彩色 3D 列印。

　　如圖 2-29 所示，日本的 CrafteHbot 3D 印表機巧妙改裝了 2D 印表機上的噴墨系統，並用該系統對列印後的對象進行上色。在上色時，機器控制 3D 列印製品旋轉，由噴墨頭從不同的角度對製品噴墨上色。但目前該技術有眾多限制因素：使用者需將 2D 印表機的噴墨列印頭拆下來，裝在 CrafteHbot 印表機上；由於噴墨印表機的油墨噴塗距離只有 10mm，故該系統只能對形狀簡單的製品上色，如果製品形狀過於複雜的話，需分成多個部分分別列印，上色後再組裝。

圖 2-29　CrafteHbot 3D 列印設備及其製品

　　Richard Horne 創造了可實現三個擠出機將紅黃藍三色耗材精確送入三入口一出口的三色混色噴頭內並混合出設定顏色熔絲擠出堆疊成形的 FDM 設備 Richrap，如圖 2-30 所示。

圖 2-30　Richrap 製品及混色噴頭

　　加拿大的 ORD 公司發明了能使用 7 種線材的多彩桌面級 3D 印表機 RoVa4DORD（圖 2-31）。該設備既可列印漸變色材料，亦可精確控制零件不同部位顏色，使熔融沉積成形製品的顏色更加豐富和靈活，滿足個性化定製工藝品的要求。

實現多彩列印亦可透過如圖 2-32 所示的混色耗材實現。將混色耗材直接放入普通單色熔融沉積成形列印設備中，即可製作與多進一出噴頭相同效果的混色列印製品。

圖 2-31　RoVa4DORD 設備　　　　圖 2-32　混色耗材

2.4.3　多材料 3D 列印工藝

多材料的混合 3D 列印方式能夠創造一個本身具有不同屬性的產品而無需組裝，其目的是透過減少製造產品的步驟來提高效率。與單一材料的 3D 列印相比，它可以一次製造擁有多種功能或物理屬性的產品，而不需要再把各種部件組裝起來。多材料混合 3D 列印技術加快了複雜結構產品推向市場的速度，並可以精確計算所需的原材料數量，減少了生產浪費。而在柔性機器人、輕質結構和靈活電子設備等領域，多材料混合 3D 列印技術正在掀起一場前所未有的革命。

美國麻省理工學院研發出了一款可以一次列印 10 種材料的 3D 印表機 MultiFab，引起了美國國防部的關注，如圖 2-33 所示。MultiFab 同時列印 10 種材料，包括晶狀體、紡織物、光纖和複雜的超常材料，應用範圍從科學到藝術均覆蓋。在大多數情況下，MultiFab 列印出來的物體都是一次成形，不需要任何後期處理。由於其具備能夠處理多種材料的特性，因此其應用範圍也會更廣。

MultiFab 印表機不僅能夠混合列印多種材料，還能夠將複雜的電子裝置、電路和感測器等直接植入對象。3D 印表機的多材料直接混合列印和植入能力可以在最初列印裝置中直接嵌入複雜的電子裝置，省去了手工裝配的環節，極大地降低了成本和浪費。另外，除了軍事應用，這項技術在柔性機器人、普通的醫療或者消費應用領域也大有前景。

圖 2-33　MultiFab 多材料 3D 印表機及製品

不過 MultiFab 列印過程十分緩慢，列印一塊自定義尺寸的手機螢幕可能需要 1h；而更複雜的多色小型輪胎則需要將近一天半的時間。列印速度成為多材料印表機的弊端之一。

基於伊利諾大學和哈佛大學相關專利開發的 Voxel8 桌面 3D 印表機如圖 2-34 所示。該設備具有兩個不同的列印頭，一個是基於常見熔融沉積成形技術的使用熔融線材的列印頭，另外一個則是使用導電銀墨水的列印頭。能夠列印功能材料是 Voxel8 3D 印表機的核心技術。同時，Voxel8 公司研製出可在室溫下與範圍廣泛的多種基體材料無縫集成的高導電油墨，其銀墨水的導電性是當前導電性最好的熱塑性線材的 20000 倍，是碳基油墨材料的 5000 倍。

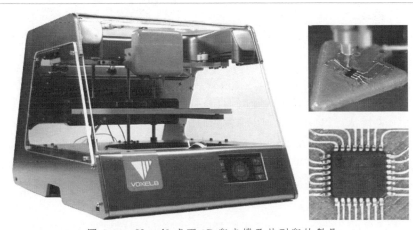

圖 2-34　Voxel8 桌面 3D 印表機及其列印的製品

2.4.4　金屬 3D 列印工藝

　　常見的金屬 3D 列印需要使用高密度能量，如雷射或者電子束，根據預先確定的形狀熔融列印床上的金屬粉體，並創建出 3D 結構。儘管這種方法能夠生成複雜的金屬 3D 結構，但是其成本非常昂貴且耗時，而且對於某些特定結構無法完成，如中空的零部件。採用金屬熔融沉積成形技術，可透過電加熱噴頭替代價格高昂的雷射發生器，使用高含量金屬粉末的聚合物複合材料耗材，透過加熱噴頭熔融擠出堆疊成形，大幅降低金屬 3D 列印的價格門檻，擴展了金屬 3D 列印技術的應用場景。這種工藝列印完成後需進行燒結以去除聚合物材料相。

　　為滿足低成本地製造批量個性化且力學性能較好的金屬零件，華中科技大學張鴻海教授提出了半固態金屬擠出成形工藝。該工藝結合了半固態成形和熔融沉積技術，實現了低成本製造金屬零件的目的。該設備採用五軸聯動數控技術，突破了熔融沉積工藝無法成形懸臂件的缺陷。圖 2-35 所示為半固態金屬擠出成形設備及製品。

圖 2-35　半固態金屬擠出成形設備及製品

　　Virtual Foundry 公司研發了一種金屬熔融沉積成形耗材，耗材中的金屬成分為 99.9％。這款線材產品能夠把所有熔融沉積成形 3D 印表機變為具備製造青銅、黃銅製品能力的設備。這款耗材的研製成功有助於推動金屬 3D 列印進入大眾消費市場。使用該耗材需在 3D 列印之後將其製品放入高溫爐中進行脫脂燒結，最終實現製品的高純度金屬成分，如圖 2-36 所示。

　　與 Virtual Foundry 研發的金屬熔融沉積成形工藝類似，德國弗勞恩霍夫製造技術與先進材料研究所（FraunhoferIFAM）也開發了一種金屬

3D 列印工藝。使金屬材料與高分子聚合物混合，共混後的金屬複合材料具有可 FDM 列印性。在列印過後經過燒結工藝即可製備高純度金屬 3D 列印製品。

圖 2-36　金屬熔融沉積成形製品

2.4.5　建築材料 3D 列印工藝

　　長期以來，建築工程建造方式受限於傳統的建造工具及技術手段。一方面，建築師對三維建築形式天馬行空的想像力和創造力難以付諸實踐，另一方面，粗獷的建造技術給環境帶來了嚴重的破壞，造成了巨大的資源消耗和浪費。

　　Joseph Pegna 是第一個嘗試使用水泥基材料進行建築構件 3D 列印的科學家，其方法類似於熔融沉積法：先在底層鋪一層薄薄的沙子，然後在上面鋪一層水泥，用蒸汽使其快速固化成形。當前應用於建築領域的 3D 列印技術主要有三種：D 型工藝（D-Shape）、輪廓工藝（Contour Crafting）和混凝土列印（Concrete Printing）。D 型工藝由義大利發明家恩裡克·迪尼發明，D 型工藝印表機的底部有數百個噴嘴，可噴射出鎂質黏合物，在黏合物上噴撒沙子可逐漸鑄成石質固體，透過一層層黏合物和沙子的結合，最終形成石質建築物。工作狀態下，三維印表機沿著水平軸樑和 4 個垂直柱往返移動，印表機噴頭每列印一層時僅形成 5～10mm 的厚度。印表機操作可由電腦 CAD 製圖軟體操控，建造完畢後建築體的質地類似於大理石，比混凝土的強度更高，並且不需要內置鋼筋進行加固。目前，這種印表機已成功地建造出內曲線、分割體、導管和中空柱等建築結構。2013 年 1 月，一位荷蘭建築師與恩裡克·迪尼合作，嘗試運用 D 型工藝技術建造一棟建築，命名為「Landscape House」。該工藝甚至可以用於建築人類在月球上的居所。

　　「輪廓工藝」是由美國南加州大學工業與系統工程教授比洛克·霍什

內維斯提出的。如圖 2-37 所示，輪廓工藝的材料是從噴嘴中擠出的，噴嘴根據設計圖的指示，在指定地點噴出混凝土材料。然後，噴嘴兩側附帶的刮鏟會自動伸出，有序混凝土的形狀。這樣一層層的建築材料砌上去就形成了外牆，再扣上屋頂，一座房子就建好了。輪廓工藝的特點在於它不需要使用模具，印表機列印出來的建築物輪廓將成為建築物的一部分，研發者認為這樣將會大大提升建築效率。目前，運用該技術已經可列印牆體，而且該團隊正在與美國 NASA 合作，試圖將輪廓技術運用到美國未來「火星之家」項目中，建造人類在火星上的居所。

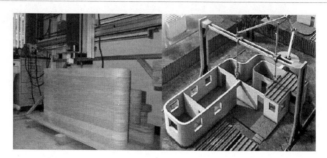

圖 2-37　利用輪廓工藝製作的牆體和建築效果圖

混凝土列印由英國拉夫堡大學建築工程學院提出，該技術與輪廓工藝相似，如圖 2-38 所示，使用噴嘴擠壓出混凝土透過層疊法建造構件。該團隊研發出一種適合 3D 列印的聚丙烯纖維混凝土，並測試了這種混凝土的密度、抗壓、抗折強度、層間的黏結強度等物理性質，證實該混凝土可以用於混凝土 3D 列印。目前該團隊用混凝土列印技術製造出了混凝土構件。

圖 2-38　混凝土列印

2014 年 8 月 21 日，盈創新材料（蘇州）有限公司使用一臺巨型 3D 印表機，採用特殊混凝土進行列印，如圖 2-39 所示。在一天內主要利用可回收材料建造了 10 棟 200m² 的毛坯房，展示了 3D 印表機的強大功能。這臺超級 3D 印表機長 150m、寬 10m、深 6m，列印出的結構件可以用作搭建小型建築，雖然是預製件結構，卻很堅固。用於列印結構件的材料混合了高標號水泥、回收利用建渣和工業廢料，所有材料用玻璃纖維加固。很明顯，這裡的 3D 列印技術和傳統的 3D 列印不太一樣——房屋不是當場一次性列印出來。超級 3D 印表機會列印出一層層的房屋結構件，再由工人負責現場安裝，而且軟體可以為管路和窗戶等部分預留位置，建築安裝到位後可以加裝這些部分。

圖 2-39　建築巨型 3D 印表機及製品

根據現有的資料分析，3D 列印可採用如下方式建造建築物。

（1）全尺寸列印

建築越大所需要的 3D 印表機越大，3D 印表機越大，列印精度和列印速度就會變差。所以現階段的單一列印主要是解決 3D 列印房屋的一些基本問題，如材料、控制、精度等。

（2）分段組裝式列印

即建築的模組化，在工廠裡把每塊列印好，最後在現場進行組裝。這種方法的優點是解決了建築尺寸的限制，缺點是現場的組裝工作又涉及密集型勞動，提高了成本。

（3）群組機器人集體列印裝配

就是一群 3D 印表機像蜜蜂一樣共同執行任務（如列印整幢房屋）。這樣，印表機的尺寸跟建築尺寸無關，同時印表機的智慧要求也可以大大降低。這種自組織自協調的群體智慧方式也是現在人工智慧的研究方向。

建築材料 3D 列印工藝不僅是一種全新的建築方式，更是一種顛覆傳

統的建築模式。與傳統建築技術相比，3D列印建築的優勢主要展現在以下方面：

① 更快的列印速度，更高的建築效率；

② 不再需要使用模板，可以大幅節省成本；

③ 更加綠色環保，減少建築垃圾和建築粉塵，降低噪音汙染；

④ 減少建築工人的使用，降低工人的勞動強度；

⑤ 節省建築材料的同時，內部結構還可以根據需要，運用聲學、力學等原理做到最佳化；

⑥ 可以給建築設計師更廣闊的設計空間，突破現行的設計理念，設計列印出傳統建築技術無法完成的複雜形狀的建築。

2.4.6　陶瓷 3D 列印工藝

陶瓷材料具有高強度、耐高溫、耐腐蝕等優良性能，在機械、能源等領域有著廣泛的應用，但這些特性也導致了陶瓷材料加工困難的問題。傳統的陶瓷加工方法難以製造具有複雜結構的陶瓷，而陶瓷 3D 列印技術可直接列印具有複雜結構的陶瓷零件，擁有著無可替代的優勢。

在陶瓷 3D 技術發展初期，3D 列印技術在陶瓷領域的應用主要是模型的製作，利用 3D 列印的精緻模具再翻模成形。但隨後，3D 列印逐漸能夠完成真實陶瓷產品的製作。2009 年，位於土耳其伊斯坦堡的 Unfold 設計室發起「Stratigraphic Manufactury」項目，2012 年 10 月，Unfold 設計室在「Deseen」雜誌公布了他們的最新研究成果。利用自行研發的 3D 列印設備成功列印了造型各異的日用陶瓷製品。有些產品經表面上釉並燒製後，效果較好，品質與傳統陶瓷製品相同，如圖 2-40 所示。

圖 2-40　陶瓷 3D 印表機及製品

配製陶瓷漿料可使用螺桿擠出機或氣壓擠出，即可實現在成形平臺上製作陶瓷坯體，之後經過高溫燒結處理製備高性能陶瓷製品。如 S. Maleksaeedi 等使用純 Al_2O_3 為原料，以聚乙烯醇（PVA）為黏合劑製備陶瓷漿料，Ozkol E 等用平均粒徑為 $2.75\mu m$ 的 ZrO_2 粉體和粒徑在 $30 \sim 100nm$ 間的 3Y-TZP（3％氧化釔穩定的氧化鋯）粉體製作陶瓷漿料，Gingter 等採用納米 Al_2O_3 和納米 3Y-TZP 為原料，以 PEG400（聚乙二醇）為黏合劑製備陶瓷漿料。

3D 列印技術在陶瓷領域的應用還不完全成熟，可用於 3D 列印的陶瓷漿料難以製備，陶瓷粉體與黏合劑的比例、pH 值、顆粒尺寸和漿料的流變性能等都將對陶瓷製品的性能產生影響。隨著新穎陶瓷漿料的開發和新型成形技術的應用，3D 列印技術在陶瓷領域的應用將會越來越廣泛。

2.4.7　玻璃 3D 列印工藝

玻璃製品是人們日常生活中最為常見的製品。3D 列印與玻璃產業的結合，不僅可以大大提高玻璃生產的效率，提高成品率，還可以完成複雜形狀的列印，充分起玻璃藝術創作者的創作天賦，促進玻璃行業的快速發展。然而，玻璃熔融沉積成形工藝和傳統 3D 列印相比難度更大，挑戰性更高。玻璃材質熔點高、玻璃液態固化成形需要精確的溫度控制等問題，均成為阻礙玻璃 3D 列印發展的難題。

美國麻省理工學院玻璃實驗室開發了一種玻璃 3D 列印的先進工藝——玻璃 3D 列印（Glass 3D Printing，G3DP）技術，採用雙層加熱爐的概念，如圖 2-41 所示。3D 印表機的上層負責加熱玻璃，以 1000℃ 高溫將玻璃熔成液態，然後透過同樣耐高溫的矽酸鋁氧化鋯陶瓷噴頭噴出，將液態玻璃一層層地塑造成想要的模樣，下層則是負責慢慢降溫、冷卻，以避免玻璃因為溫度變化過大而碎裂。

圖 2-41　G3DP 工藝加工過程及製品

　　　基於硬度、光學品質、經濟性和可用性等因素，玻璃材質在 3D 列印領域有著非常獨特的潛在價值。也正是因為這點，最終開發出了現在的玻璃 3D 列印新技術。G3DP 融合了當今尖端科技與傳統玻璃製造工藝，能夠透過對列印厚度的精確控制，定製光線的穿透率、反射率和折射率等，創建出較為複雜的 3D 列印幾何形狀結構和光學變化形式。

2.4.8　食品 3D 列印工藝

　　　食品 3D 列印技術是在熔融沉積 3D 列印技術的基礎上發展的一種快速食品製造機械，不僅可以人性化地改變食物形狀，改良食品品質，還可以自由搭配均衡營養。食品 3D 列印技術讓人們無須滿身大汗地在爐火前烹煮，輕輕鬆鬆就能製作出美味食品，其目的在於幫助人們節省手工烹煮時間，精簡製作過程，從而鼓勵人們養成健康的飲食習慣，多吃自製食品。

　　　食品 3D 印表機是將 3D 列印技術應用到食品製造層面上的一種機器，主要由自動化食材擠出裝置、成形平臺和移動裝置等部分組成，它所製作出的食物形狀、大小和用量都由電腦操控，其工作原理和操作方法與 3D 印表機相似。其使用的列印材料是可食用的食物材料和相關配料，將其預先放入容器內，食譜輸入機器，開啟按鍵後針筒上的噴頭就會將食材均勻噴射出來，按照逐層列印堆疊成形製作出立體食物產品。使用者可以自主決定食物的形狀、高度、體積等，不僅能做出扁平的餅乾，也能完成巧克力塔，甚至還能在食物上完成卡通人物等造型。用於食品列印的材料來源豐富，可以是生的、熟的、新鮮的或冰凍的，將其絞碎、混合、濃縮成漿、泡沫或糊狀，列印出的食品口感各異，方便咀嚼下嚥，同時還可自由搭配營養。對於咀嚼困難或有吞嚥困難的老年人或病人，3D 列印食品不僅人性化地改變食物形狀以及改良食品品質，更提供了均衡營養。

　　　世界首款食品 3D 印表機是西班牙創業公司 Natural Machines 研製出的名為 Foodini 的食品印表機。Foodini 內設的 5 個膠囊可用來儲存不同食材。在使用 Foodini 時，首先把新鮮食材攪拌成的泥狀材料裝入膠囊內，然後在該設備的控制面板上選擇想要做的食物圖標就可啟動製作。Foodini 上有 6 個噴嘴，可以透過不同的組合，製作出各種各樣的食物。Foodini 不能烹煮食物，使用者需把列印好的食物加熱煮熟後才能享用。Foodini 印表機及列印的食品見圖 2-42。

圖 2-42　Foodini 印表機及列印的食品

2011 年，英國艾希特大學研究人員開發出世界首臺巧克力 3D 印表機，此後經過技術改進於 2012 年上市。巧克力 3D 印表機使用巧克力漿代替油墨進行巧克力列印，同時使用保溫和冷卻系統，每層巧克力列印後經過凝固過程，再列印下一層，列印形狀豐富各異，受到了廣大消費者的喜愛。巧克力 3D 列印的食品見圖 2-43。

圖 2-43　巧克力 3D 列印的食品

3D 列印食品原料簡易，多為粉末或液漿，搭配方便，易保存且保固期長，這些特徵使其在航太食品領域得以應用。2013 年美國宇航局投資開發食品 3D 印表機，方便太空人在空間作業時使用。可以帶去太空的新鮮食品類型有限，而食品 3D 印表機既能提供新鮮食物又能保證營養，同時設備體積小節省空間。

與當前包括印表機等大多數擠出系統相比，3D 食品列印系統還有很長的路要走。例如，使用裝滿融化的巧克力漿針筒很容易成形一個電腦

程式規定的形狀，但其他材料（如水果、蔬菜和肉類等）具有不同的黏度、彈性、加工溫度，對食品 3D 列印是一個挑戰，這需要更進一步的研究和試驗。

2.4.9　生物 3D 列印工藝

生物 3D 技術是以電腦三維模型為基礎，透過離散-堆積的方法，將生物材料或細胞按仿生形態、生物體功能、細胞特定微環境等要求，列印出同時具有複雜結構與功能的生物三維結構、體外三維生物功能體、再生醫學模型等生物醫學產品的 3D 列印技術，該技術在生命科學領域的應用日益廣泛，現已成為 21 世紀最具發展潛力的尖端技術之一。目前已採用生物 3D 列印技術製造出骨骼、皮膚、血管、腎臟等人體器官。

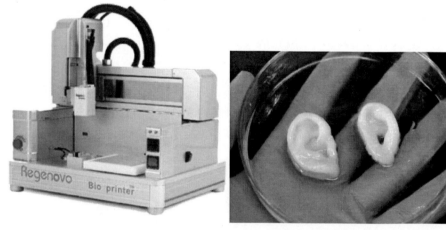

圖 2-44　Regenovo 3D bio-print Work Station 生物材料 3D 印表機及製品

如圖 2-44 所示，來自杭州電子科技大學徐銘恩團隊自主研發出 Regenovo 3D bio-print Work Station 生物材料 3D 印表機，目前已在這臺印表機上成功列印出較小比例的人類耳朵軟骨組織、肝單元等。該研究成果被期刊 Biomaterials 評為 2012 年在生物 3D 列印領域的最高水準。清華大學徐弢等利用心肌細胞和生物材料模擬列印了動物心臟。發現列印出的細胞能夠有節奏地跳動，提示列印出的器官可以具有一定的功能。將羊水中提取的幹細胞進行 3D 列印，並加入骨係分化因子，可以獲得活性的骨組織。同時，國家千人計劃康裕建教授的科學研究團隊利用 Rollovesseller 3D 列印平臺，以含種子細胞、生長因子和營養成分等組成的「生物墨汁」，結合其他材料層層列印出產品，經列印後培育處理，形成有生理功能的組織結構。美國賓夕法尼亞大學 Miller 等首先將碳水化合物玻璃列印成網格狀模板，再用澆注法複合載細胞水凝膠形成管道狀血液通路。Lee 等製備了內徑 1mm 的 3D 列印水凝膠管道模型，成功誘導周圍毛細血管形成了微血管床。美國 Organovo 公司利用生物 3D 列印技術列印出人體肝臟薄片，微型肝臟厚 0.5mm，長和寬約 4mm，卻具有真正肝臟的大多數功能。北京化工大學焦志偉等用熔體微分 3D 列印技術製備羥基磷灰石（HA）/聚己內酯（PCL）組織工程支架，探討了其內部結構和力學性能並驗證了利用熔體微分 3D 印表機列印生物活性 nano-HA/PCL 複合材料組織工程支架在骨組織工程中的可行性。

目前，生物 3D 列印技術，機遇與挑戰並存，如：單細胞、多種細胞、細胞團簇的受控三維空間輸送、精準定位、排列與組裝，以及生物製造過程中對細胞的損傷及生物功能的影響等。由於人體複雜的器官結構及功能的多樣性，細胞與生物材料的特殊性，材料學、製造學、生物學等多交叉學科的合作及多噴頭生物 3D 列印設備的應用，必將成為學科未來發展的趨勢與主流，也是實現複雜器官製造的核心所在。在不遠的將來，隨著研究的不斷深入、各學科的整合與突破、諸多科學問題的逐一突破，生物 3D 列印將會成為一種非常簡單、容易、迅速的醫療技術，也將成為臨床上最為準確、快捷、有效的修復手段，最終高效應用於臨床，造福於患者。

2.4.10　4D 列印

所謂 4D 列印，比 3D 列印多了一個「D」，也就是時間維度。人們可以透過軟體設定模型和時間，變形材料會在設定的時間內變形為所需的形狀。準確地說 4D 列印是一種能夠自動變形的材料，直接將設計內置到物料當中，不需要連接任何複雜的機電設備，就能按照產品設計自動摺疊成相應的形狀。4D 列印的關鍵是智慧材料。

SkylarTibbits 提出的 4D 列印技術的核心是智慧材料和多種材料 3D 列印技術。該課題組開發了一種遇水可以發生膨脹形變（150％）的親水智慧材料，利用 3D 列印技術將硬質的有機聚合物與親水智慧材料同時列印，二者固化結合構成智慧結構。3D 列印成形的智慧結構在遇水之後，親水智慧材料發生膨脹，帶動硬質有機聚合物發生彎曲變形，當硬質有機聚合物遭遇到硬質有機聚合物的阻擋時，彎曲變形完成，智慧結構達

到了新的穩態形狀。該課題組製備了一系列由 4D 列印技術製造的原型，如 4D 列印出的細線結構遇水之後可以變為 MIT 形狀，4D 列印技術製造出的平板遇水之後可以變化為立方體盒子，如圖 2-45 所示。

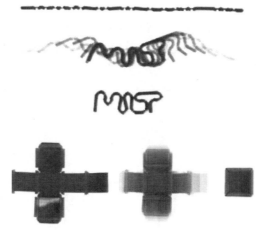

圖 2-45　4D 列印技術製造出的立方體盒子

4D 列印技術及其在智慧材料結構中的應用研究尚處於起步階段。但是，其研究和發展應用將對傳統機械結構設計與製造帶來深遠的影響。這一發展趨勢展現在以下方面。

① 4D 列印智慧材料，將改變過去「機械傳動＋電機驅動」的模式。目前的機械結構系統主要是機械傳動與驅動的傳遞方式，未來走向功能材料的原位驅動模式，不再受機械結構體運動的自由度約束，可以實現連續自由度和剛度可控功能，同時自身重量也會大幅度降低。

② 4D 列印技術製造驅動與感測一體化的智慧材料結構，實現智慧材料的驅動與感測性能融合。電致動聚合物（EAP）材料具有良好的驅動性能和感測性能，即在電場作用下可以發生形變，而且隨著其變形可以輸出電壓電流訊號。

③ 研究發展多種適用於 4D 列印技術的智慧材料，對不同外界環境激勵產生響應，響應變形的形式更多樣化。目前 4D 列印智慧材料的激勵方式和變形形式比較侷限，隨著 4D 列印智慧材料的多樣化，4D 列印技術的應用將更加廣泛。4D 列印技術必將拓展製造技術的應用範圍，為製造技術展示出了新的發展前景，為相關學科和產業的發展提供製造技術支援。

參考文獻

[1] 史玉升, 張李超, 白宇, 等. 3D 打印技術的發展及其軟件實現[J]. 中國科學: 信息科學, 2015, 45 (02): 197-203.

[2] Bing-Henga L U, Di-Chenb L I. Development of the Additive Manufacturing (3D printing) Technology[J]. Machine Building & Automation, 2013.

[3] Lu B, Li D, Tian X. Development Trends in Additive Manufacturing and 3D Printing[J]. Engineering, 2015, 1 (1): 085-089.

[4] 陳葆娟. 熔融沉積快速成形精度及工藝實驗研究[D]. 大連: 大連理工大學, 2012.

[5] 金澤楓, 金楊福, 周密, 等. 基於 FDM 聚乳酸 3D 打印材料的工藝性能研究[J]. 塑料工業, 2016, 44 (2): 67-70.

[6] 賴月梅. 基於開源型 3D 打印機 (RepRap) 打印部件的機械性能研究[J]. 科技通報, 2015, 31 (8): 235-239.

[7] Pei D E. Evaluation of dimensional accuracy and material properties of the MakerBot 3D desktop printer[J]. Rapid Prototyping Journal, 2015, 21: 618-627.

[8] 趙吉斌, 蒙昊, 孫雯, 等. 基於 FDM 的并聯臂的單噴頭雙色 3D 打印機的研究與設計[J]. 科技視界, 2016 (13).

[9] 李曉琴. 基於五軸平臺 CFRP 增材製造軌跡控制方法研究[D]. 淮南: 安徽理工大學, 2017.

[10] 舒友, 胡揚劍, 魏清茂, 等. 3D 打印條件對可降解聚乳酸力學性能的影響[J]. 中國塑料, 2015, 29 (3): 91-94.

[11] 李金華, 張建李, 姚芳萍, 等. 3D 打印精度影響因素及翹曲分析[J]. 製造業自動化, 2014 (21): 94-96.

[12] Turner B N. A review of melt extrusion additive manufacturing processes: I. Process design and modeling [M]// Process Modeling and Improvement for Business. McGraw-Hill Professional, 2014: 192-204.

[13] 王雷, 欽蘭雲, 佟明, 等. 快速成形製造臺階效應及誤差評價方法[J]. 瀋陽工業大學學報, 2008, 30 (3): 318-321.

[14] 王濤, 侯巧紅, 蘇玉珍, 等. 熔融沉積成型製品精度的影響因素分析[J]. 科技信息, 2012 (34): 179-179.

[15] 張永, 周天瑞, 徐春暉. 熔融沉積快速成形工藝成形精度的影響因素及對策[J]. 南昌大學學報: 工科版, 2007, 29 (3): 252-255.

[16] 徐巍, 凌芳. 熔融沉積快速成形工藝的精度分析及對策[J]. 實驗室研究與探索, 2009, 28 (6): 27-29.

[17] 李星雲, 李眾立, 李理. 熔融沉積成形工藝的精度分析與研究[J]. 製造技術與機床, 2014 (9): 152-156.

[18] 韓江, 王益康, 田曉青, 等. 熔融沉積 (FDM) 3D 打印工藝參數優化設計研究[J]. 製造技術與機床, 2016 (6): 139-142.

[19] 楊衛民, 李好義, 陳宏波, 等. 超細纖維熔體微分靜電紡絲原理及設備[C]. 全國高分子學術論文報告會. 2013.

[20] 遲百宏. 聚合物熔體微分 3D 打印成形機理與實驗研究[D]. 北京: 北京化工大學, 2016.

[21] Chi B, Jiao Z, Yang W. Design and experimental study on the freeform fabrication with polymer melt droplet deposition［J］. Rapid Prototyping Journal, 2017, 23 (3) .

[22] 遲百宏, 馬昊鵬, 劉曉軍, 等 . 3D 打印參數對 TPU 製品力學性能的影響［J］. 塑料, 2017 (2) : 9-12.

[23] 劉豐豐, 張濤, 張玉蕾, 等 . 3D 打印桌面機製作 CNTs/PLA 複合材料製品性能分析［J］. 橡塑技術與裝備, 2016 (16) : 14-18.

[24] 劉豐豐, 楊衛民, 李飛, 等 . 工業級熔體微分 3D 打印技術製作大型工業製品［J］. 塑料, 2017 (2) : 17-20.

[25] 沈冰夏, 管宇鵬 . FDM 型混色 3D 打印機的設計［J］. 北京信息科技大學學報（自然科學版）, 2016, 31 (5) : 60-63.

[26] Borenstein G. Making things see: 3D vision with Kinect, Processing, Arduino, and MakerBot［M］. O'Reilly, 2012.

[27] 施建平, 楊繼全, 王興松 . 多材料零件3D 打印技術現狀及趨勢［J］. 機械設計與製造工程, 2017 (2) : 11-17.

[28] 程凱, 蘭紅波, 鄒淑亭, 等 . 多材料多尺度 3D 打印主動混合噴頭的研究［J］. 中國科學: 技術科學, 2017 (2) .

[29] 施建平 . 基於 FDM 工藝的多材料數字化製造技術研究［D］. 南京: 南京師範大學, 2013.

[30] Matusik W, et al. MultiFab: a machine vision assisted platform for multi-material 3D printing［J］. Acm Transactions on Graphics, 2015, 34 (4) : 129.

[31] Voxel8 introduces the world's first 3-D electronics printer［J］. American Ceramic Society Bulletin, 2015.

[32] Burblies A, Busse M. Computer Based Porosity Design by Multi Phase Topology Optimization［J］. 2008, 973 (1) : 285-290.

[33] 王子明, 劉瑋 . 3D 打印技術及其在建築領域的應用［J］. 混凝土世界, 2015 (1) : 50-57.

[34] Pegna J. Exploratory investigation of solid freeform construction［J］. Automation in Construction, 1997, 5 (5) : 427-437.

[35] Khoshnevis B, Hwang D, Yao K T, et al. Mega-scale fabrication by Contour Crafting［J］. International Journal of Industrial & Systems Engineering, 2008, 1 (3) .

[36] Lim S, Le T, Webster J, et al. Fabricating construction components using layer manufacturing technology［C］//2009.

[37] Cesaretti G, Dini E, Kestelier X D, et al. Building components for an outpost on the Lunar soil by means of a novel 3D printing technology ［J］ . Acta Astronautica, 2014, 93 (1) : 430-450.

[38] Le T T, Austin S A, Lim S, et al. Hardened properties of high-performance printing concrete［J］. Cement & Concrete Research, 2012, 42 (3) : 558-566.

[39] 楊孟孟, 羅旭東, 謝志鵬 . 陶瓷 3D 打印技術綜述［J］. 人工晶體學報, 2017, 46 (1) : 183-186.

[40] 王超 . 3D 打印技術在傳統陶瓷領域的應用進展［J］. 中國陶瓷, 2015 (12) : 6-11.

[41] Maleksaeedi S, Eng H, Wiria F E, et al. Property enhancement of 3D-printed alumina ceramics using vacuum infiltration ［J］. Journal of Materials Processing Technology, 2014, 214 (7) : 1301-1306.

[42] Özkol E, Ebert J, Telle R. An experimental analysis of the influence of the ink properties on the drop formation for direct thermal inkjet printing of high solid content aqueous 3Y-TZP suspensions［J］ . Journal of the European Ceramic Society, 2010, 30 (7) : 1669-1678.

[43] Gingter P. Functionally Graded

Structures By Direct Inkjet Printing[C]//
Shaping. 2013.

[44] 李亞運, 司雲暉, 熊信柏, 等. 陶瓷 3D
打印技術的研究與進展[J]. 矽酸鹽學
報, 2017, 45 (6): 793-805.

[45] Marchelli G, Prabhakar R, Storti D, et
al. The guide to glass 3D printing: devel-
opments, methods, diagnostics and results
[J]. Rapid Prototyping Journal, 2011, 17
(3): 187-194.

[46] 佚名. 麻省理工學院研發 G3DP 高精度玻
璃 3D 打印技術[J]. 玻璃, 2015 (11):
54-54.

[47] 陳妮. 3D 打印技術在食品行業的研究應
用和發展前景[J]. 農產品加工‧學刊:
下, 2014 (8): 57-60.

[48] 李光玲. 食品 3D 打印的發展及挑戰[J].
食品與機械, 2015 (1): 231-234.

[49] Warnke P H, Seitz H, Warnke F, et
al. Ceramic scaffolds produced by
computer-assisted 3D printing and sinte-
ring: characterization and biocompatibili-
tyinvestigations[J]. Journal of Biomedical
Materials Research Part B Applied Bioma-
terials, 2010, 93B (1): 212-217.

[50] 筍芳. 3D 巧克力打印機問世[J]. 農產品
加工, 2011 (7): 33.

[51] 葉海靜. 美國研製成功三維 "食物打印
機"[J]. 食品開發, 2011 (1): 75.

[52] 井樂剛, 沈麗君. 3D 打印技術在食品工
業中的應用[J]. 生物學教學, 2016, 41
(2): 6-8.

[53] 賀超良, 湯朝暉, 田華雨, 等. 3D 打印技
術製備生物醫用高分子材料的研究進展
[J]. 高分子學報, 2013, 52 (6):
722-732.

[54] 石靜, 鍾玉敏. 組織工程中 3D 生物打印
技術的應用[J]. 中國組織工程研究,
2014, 18 (2): 271-276.

[55] 徐弢. 3D 打印技術在生物醫學領域的應
用[J]. 中華神經創傷外科電子雜誌,
2015 (1): 57-8.

[56] Miller J S, Stevens K R, Yang M T, et
al. Rapid casting of patterned vascular
networks for perfusable engineered three-di-
mensional tissue[J]. Nat Mater, 2012, 11
(9): 768-74.

[57] Engelhardt S, Hoch E, Borchers K, et
al. Fabrication of 2D protein
microstructures and 3D polymer-protein
hybrid microstructures by two-photon pol-
ymerization [J]. Biofabrication, 2011, 3
(2): 025003.

[58] Zhiwei Jiao, Bin Luo, Shengyi Xiang, et
al. 3D printing of HA/PCL composite
tissue engineering scaffolds [J]. 2019:
196-202.

[59] 王錦陽, 黃文華. 生物 3D 打印的研究進
展[J]. 分子影像學雜誌, 2016, 39
(1): 44-46.

[60] 李滌塵, 劉佳煜, 王延杰, 等. 4D 打印-
智能材料的增材製造技術[J]. 機電工程
技術, 2014 (5): 1-9.

[61] Tibbits S. 4D Printing: Multi-Material
Shape Change [J]. Architectural Design,
2014, 84 (1): 116-121.

[62] 鄧甲昊, 王萱. 4D 打印一項左右未來世
界產業發展的革命性技術突破[J]. 科技
導報, 2013, 31 (31): 11-11.

[63] 康劉陽, 徐飛寧, 朱燦一, 等. 淺談 3D
打印與 4D 打印技術[J]. 裝備製造技術,
2016 (5): 101-102.

第3章

光固化成形技術

　　光固化成形（vat photopolymerization）技術是指單體、低聚體或聚合體基質在光誘導下，固化形成固定形狀的成形方法。發生的化學反應被稱為光聚合反應，反應原料包括光引發劑、添加劑和反應單體/低聚物等，在受到特定光照後反應將單體連接成鏈狀聚合物。大多數光聚合物是在紫外光（Ultraviolet，UV）範圍內可固化的。

　　光固化成形是快速成形技術中精度最高的成形方法，它具有製作效率高、材料利用率接近 100％ 的優點，能成形形狀複雜（如空心零件）、精細的零件（如首飾、工藝品等）。正是由於光固化成形的一系列優點和用途，自 1980 年代問世以來，得到迅速發展，成為目前世界上研究最深入、技術最成熟、應用最廣泛的一種快速成形方法。

　　根據加工方式的不同，光固化成形主要包括立體光刻技術（stereo lithography apparatus，SLA）和數位光投影技術（digital light processing，DLP）兩種。之後，隨著技術的發展又衍生出來了連續液體介面提取技術（continuous liquid interface production，CLIP）、液晶固化成像列印技術（liquid crystal display，LCD）等。光固化成形技術是多學科交叉和多項技術的高度集成，所以其整體性能的發展依賴於各種單元技術的發展。該技術可分為硬體、軟體、材料和成形工藝四大組成部分，各部分的發展既相互促進，又相互制約。硬體部分包括光的控制、投影；高精度、高可靠性、高效率的樹脂再塗層系統。材料方面包括樹脂各項性能研究，如固化速度、固化收縮率、黏度、力學性能等，還要考慮樹脂的易儲藏、無毒無味等要求。軟體主要是指數據處理的精確性和快捷性，整個成形過程的控制以及面向使用者的易操作性。成形工藝是光固化成形過程中的關鍵技術，零件的精度和成形效率主要取決於成形工藝。

3.1　光固化成形原理

　　光固化成形是一個通用術語，包括立體光刻技術（SLA）、數位光投影（DPL）以及後來發展的連續液體介面提取技術（CLIP）和液晶固化成像列印技術（LCD）等。立體光刻技術（SLA）和數位光投影（DLP）通常被認為是 3D 列印技術中能夠實現部件最高的複雜性和精度的技術。兩者都依賴光來成形。用以固化光敏樹脂的光通常在光譜的 UV 區域（波長 380～405nm）。

　　這種樹脂通常由環氧樹脂或丙烯酸和甲基丙烯酸單體組成，當暴露

在光線下時會聚合硬化。當有特定形狀或圖案的光照射在液態樹脂上時，樹脂會固化成該形狀，並且可以從未固化的液態樹脂中取出。

3.1.1 立體光刻技術

立體光刻技術基於液態光敏樹脂的光固化原理，利用紫外雷射使樹脂體系中的光敏物質發生光化學反應，產生具有引發活性的碎片，引發體系中的預聚體和單體發生聚合及交聯反應，快速得到固態製品。由於紫外雷射照射處液態樹脂反應固化，因此使用電腦控制雷射照射路徑即可控制成形體形狀。

立體光刻技術的原理如圖 3-1 所示，在電腦控制下的紫外雷射束，以電腦模型的各分層截面為路徑逐點掃描，雷射掃描區內的光敏樹脂薄層將產生光聚合或光交聯反應而固化。當一層固化完成後，在垂直方向移動工作檯，使先前固化的樹脂表面覆蓋一層新的液態樹脂，再逐層掃描、固化，最終獲得三維原型。該技術優點是精度高、表面品質好，可以加工結構外形複雜或使用傳統手段難於成形的原型和模具。

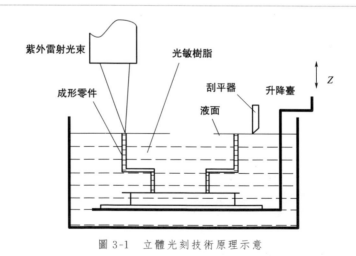

圖 3-1　立體光刻技術原理示意

3.1.2 數位光投影技術

數位光投影技術是另一種光固化快速成形技術。與立體光刻技術相似，數位光投影也使用光敏樹脂作為固化材料，當紫外雷射照射時，樹脂體系將發生交聯聚合反應而固化。

　　兩者的不同點在於數位光投影技術不再使用點光源進行路徑點掃描，而是使用的數位微鏡裝置（digital micromirror device）來生成紫外光的投影，在液態光敏樹脂表面投射所需圖形輪廓，進行光固化反應。數位光投影原理如圖 3-2 所示。

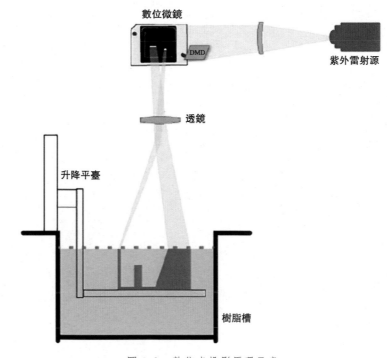

圖 3-2　數位光投影原理示意

3.1.3　立體光刻技術和數位光投影技術的對比

（1）共同點

　　立體光刻技術和數位光投影技術的基本成形模式相同，它們使用的樹脂非常相似。兩者都需要可光降解的引發劑（或混合物），其在與光相互作用時形成反應活性高的基團或分子（自由基、陽離子或類卡賓化合物）。這些基團或分子反過來將激活單體和低聚物分子的光聚合過程。

　　然而，立體光刻技術和數位光投影技術所使用的樹脂不一定是可互換的。在兩種列印方式之間傳遞的功率密度通常差一到兩個數量級，所使用的樹脂也不太相同。

　　儘管如此，在這兩種方案中，無論是立體光刻技術還是數位光投影

技術，樹脂聚合單體分子的大小都將會決定物體的剛度。在樹脂中，短鏈單體經過光固化後通常硬度較高，而長鏈單體則柔韌性更強。

　　在比較 3D 列印和注塑成形時通常討論的主題之一是力學性能的差異。與注塑生產的部件不同，透過熔融沉積成形技術列印的部件具有力學性能各向異性。也就是說，當在與層平行或正交的方向施加載荷時，它們顯示出不同的力學性能。然而，與熔融沉積成形技術不同，使用立體光刻技術和數位光投影技術生產的列印件的力學性能都不具有廣泛的各向異性，其力學性能更像注塑件。

　　（2）不同點

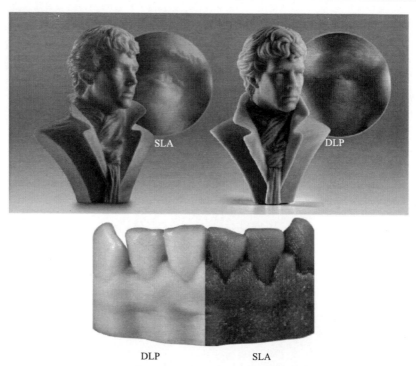

圖 3-3　立體光刻技術和數位光投影技術列印成品差別

① 成形尺寸和精度　圖 3-3 所示為立體光刻技術和數位光投影技術列印成品的差別。對於成形精度來說。在 z 軸（上下運動方向）上，立體光刻技術和數位光投影技術都是依靠機械方式傳動，理論上精度差距不大。差別主要是在 x 軸、y 軸的精度上。一方面，由於立體光刻技術採用 x 軸和 y 軸方向上的掃描鏡來驅動雷射光線的運動，數位光投影技術採用扇形投影光，存在光線的散射現象；另一方面，數位光投影技術的精度

很大程度上取決於數位微鏡的像素解析度，故難以達到立體光刻技術的精度。另外，由於數位光投影技術成形精度跟數位微鏡的像素解析度完全相關，當成形尺寸變大時，其像素密度降低，成形精度變差，這也限制了數位光投影技術的大型化。數位光投影技術的大型化也面臨這個問題，由於雷射光線角度由 x-y 掃描鏡來控制，其步進角難以獲得高精度高穩定性的控制，故也限制了數位光投影技術的大型化。

由於模型由 3D 列印一層一層疊加而成，因此 3D 列印成品通常具有可見的水平圖層線。對於數位光投影技術 3D 印表機，由於其使用矩形像素照射圖像，所以還存在垂直線的效果，如圖 3-4 所示。外表的層線和垂直線需要進行後處理去除，例如打磨或拋光。

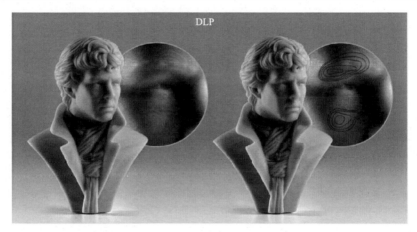

圖 3-4　數位光投影技術列印層線與垂直線效果對比

② 成形速度　速度是立體光刻技術和數位光投影技術最大的區別之一。兩者樹脂固化聚合的面積不一樣，數位光投影技術成形採用面掃描的方式，而立體光刻技術採用點掃描的方式，兩者的最小解析度體積 V_r 基於最小特徵區域和最小層厚度：

$$V_r = \frac{\pi d r^2 l_1}{4} \tag{3-1}$$

式中，d 是液滴的直徑；r 是正方形列印區域的邊長；l_1 是層厚度。

模型列印速度 v 表示為單位時間列印出的一個維度的尺寸，如下：

$$v = \frac{l_1}{t_{image} + t_{reset}} \tag{3-2}$$

式中，l_1 是層厚度；t_{image} 是每層圖像列印時間；t_{reset} 是該層其他時間的總和，由電腦切片時間加上所有支撐材料列印時間之和除以層數計

算得到。

每層的圖像列印時間 t_{image} 由樹脂性能、照明功率 P、層面積 A_1 和特定成像方法參數 W_i' 確定。對於採用數位光投影技術的光固化反應，有：

$$t_{image} = \frac{W_i' A_1}{P} \qquad (3\text{-}3)$$

因此，採用數位光投影技術的列印速度為：

$$v = \frac{l_1}{\dfrac{W_i' A_1}{P} + t_{reset}} \qquad (3\text{-}4)$$

對於使用立體光刻技術的光固化反應，有：

$$t_{image} = \frac{W_i' A_1 l A_{spot} s^2}{P} \qquad (3\text{-}5)$$

式中，W_i' 是單位面積樹脂固化所需能量；l 是平均層厚度；A_{spot} 是雷射用於固化樹脂的最小點面積；s 是兩個相鄰的點中心之間的距離。因此，立體光刻技術的速度表示為：

$$v = \frac{l_1}{\left(\dfrac{W_i' A_1 l A_{spot} s^2}{P} + t_{reset} \right)} \qquad (3\text{-}6)$$

數位光投影技術的成形速度大大高於立體光刻技術的成形速度。為了緩解立體光刻技術這一缺點，立體光刻技術 3D 印表機雷射掃描至列印件的填充區域時，列印速度比在外殼中快。數位光投影技術的優點是它允許一次固化整個一層。在模型外部輪廓和內部區域之間沒有成形區別，通常不用進行後處理。

③ 可靠性　對於使用光固化技術來生產工業製品的行業來說，系統的可靠性和列印部件的一致性是一個重要因素。與立體光刻技術 3D 印表機相比，數位光投影技術 3D 印表機列印過程中通常可移動的部件更少。因此，數位光投影技術印表機故障率會比立體光刻技術 3D 印表機更低，並且製品的品質水平也會更加穩定。當然，光固化 3D 印表機都是較為精密複雜的設備，包含大量的電子元件和光學元件。如果設計、組裝或使用不當，都會使其穩定性下降。

④ 訂購與維護成本　由於立體光刻技術印表機具有更複雜的結構，如果雷射器或者任何光學裝置發生故障，則需要進行維修和校準，並且通常這只能由專業技術人員來完成。數位光投影技術列印的優勢在於它的組件更加簡單。如果任何部件包括光源失效，更容易找到可替換的部件。因此，對於普通消費者來說，數位光投影技術印表機通常比立體光

刻技術印表機更為實用。

3.2 光敏樹脂

光敏樹脂屬於輻射固化樹脂。輻射固化包含電子束（electron beam，EB）固化和紫外光固化。紫外固化又根據光源的不同分為高壓汞燈源和雷射光源。目前常用的是雷射光源。由於輻射固化樹脂是近百分之百的固含量，幾乎不含揮發性的溶劑和稀釋劑，不帶有環境汙染，被稱為綠色化學。因而近年來輻射固化發展十分迅速，在許多領域獲得廣泛應用，並取得了可觀經濟效益和重大的社會效益。如光固化塗料、光固化膠黏劑、光固化油墨、阻焊油墨以及印刷行業的排版製版等。

3.2.1 光敏樹脂性能要求

光敏樹脂在光固化前類似於塗料，在光固化後類似於工程材料，因此它的性能要求也比較特殊。一般來說主要有以下幾個方面：光敏性能的要求；固化前樹脂黏度的要求；固化後精度的要求；固化後製件力學性能的要求。因此這就使得用於該系統的光敏樹脂必須滿足以下條件。

① 固化前性能穩定　可見光照射不易發生化學反應。

② 固化速度高　對紫外光有快的光響應速率，對光強要求不高。

③ 固化體積收縮率低　消除或降低內應力和翹曲變形，提高製造精度。

④ 黏度小　光固化成形由一層層疊加而成，每完成一層，低黏度可以使得樹脂自動覆蓋已固化的固態樹脂表面。

⑤ 透射深度適宜　光固化樹脂必須有合適的透射深度。

⑥ 溶脹小　列印過程中，固化產物浸潤在液態樹脂中，溶脹將會使模具產生明顯變形。

⑦ 儲存穩定性　光固化樹脂通常是一次性加入液態樹脂槽中，隨著使用消耗，不斷補加，因此要求各項性能應基本保持不變。

⑧ 毒性小　未來的快速成形可以在辦公室中完成，因此對單體或預聚物的毒性和對大氣的汙染有嚴格要求。

⑨ 半成品強度高　以保證後固化過程不發生形變、膨脹、出現氣泡及層分離等。

⑩ 固化後的製件機械強度高　較高的斷裂強度、抗衝擊強度、硬度

和韌性，耐化學試劑，易於洗滌和乾燥，並具有良好的熱穩定性等。

以上有很多性能是相互矛盾的。如高固化速度與高儲存穩定性、低黏度與低固化體積收縮率等。因此，研製出高性能的光固化樹脂對光固化成形的發展至關重要。

3.2.2 影響光敏樹脂性能的因素

針對上面提出的一些要求，影響光敏樹脂性能的主要因素有黏度、光敏性、零件誤差、力學性能和衝擊性能等。

（1）黏度

樹脂的黏度隨著低聚物含量的增加而明顯增加，隨稀釋劑含量的增加而迅速減小。固化交聯劑的加入對體系黏度的降低也有貢獻，但是效果不太明顯。低聚物含量降低同時會影響其他性能，尤其是力學性能，稀釋劑含量過大也會使製品脆性增大，所以在考慮它們對黏度影響的同時還要考慮對綜合性能的影響。

（2）光敏性

樹脂的光敏性是表徵光固化特性的重要指標。光敏樹脂的光聚合反應發生及進行程度，與體系中是否含有引發劑及含有的量的多少密切相關。當感光體系中沒有光引發劑時，即使受紫外光輻射，光交聯反應也很難發生。當加入引發劑後，一經紫外燈照射，體系中便有自由基產生，從而引發聚合反應的進行。

（3）零件誤差

樹脂的體積收縮率會直接影響快速成形的精度。但是樹脂的固化過程中，由於樹脂從液態轉變為固態，分子間距離轉化為共價鍵距離，雜亂無章的液態分子有序性增加，體積會縮小。

（4）力學性能

光固化樹脂在固化成形後屬於工程材料，其力學性能較為重要。增加低聚物含量對拉伸性能和衝擊性能的提升都有幫助。這主要是因為低聚物是固化後製品結構的主要組成部分，其力學性能也主要由低聚物來賦予。稀釋劑含量增加使衝擊性能下降，這是因為其增加了體系中的物理交聯點，在固化時形成更多的網狀結構，但用量大於 30％後會使拉伸強度明顯下降。

（5）衝擊性能

樹脂的力學性能主要是由低聚物來賦予，所以提高其衝擊性能也要

從低聚物的結構上來考慮。添加一些帶有柔性基團的增塑劑可能也會對提高衝擊性能有幫助。目前，樹脂最需要改善的性能就是抗衝擊性能，加入增韌劑改善了其衝擊性能，雖然在拉伸性能和光固化速度上有所損失，但綜合性能上得到了增強，達到了預期的目的。

3.2.3　常見光敏樹脂

（1）環氧丙烯酸酯

環氧丙烯酸酯汙染少、固化膜硬度高、能耗低、體積收縮率小、化學穩定性好，但其黏度高導致施工困難，且固化時需要加入大量稀釋劑，會影響產品性能。因此，可將環氧樹脂進行開環反應引入柔性基團或柔性鏈段，再用丙烯酸酯化得到改進型環氧丙烯酸酯，可顯著提高樹脂的流動性和柔韌性。由於製備環氧丙烯酸酯的反應溫度較高，為防止丙烯酸自聚合影響光固化過程，需要加入阻聚劑。此外，該反應必須加催化劑，目的是選擇性地使羥基與環氧基發生反應，常採用叔胺或季銨鹽類（如四丁基溴化銨）作催化劑。

（2）不飽和聚酯

不飽和聚酯是由不飽和二元酸或酸酐與二元醇在催化劑作用下發生縮聚合反應製得的。不飽和聚酯主鏈上的不飽和雙鍵可與乙烯基單體共聚合成互穿網路，經紫外光照射後形成堅硬塗膜。但不飽和聚酯的活性劑常用苯乙烯，光固化基是乙烯基雙鍵，反應活性低，氧氣對自由基聚合有阻聚作用，光固化速率慢，固化不完全，硬度低，柔韌性差，固化時體積收縮率大，附著性差。

不飽和聚酯的力學性能、電性能好，常溫下黏度適宜易固化成形，剛性好，且其原料易得，價格低廉。但不飽和聚酯固化後抗衝擊性能差，硬度低，易收縮。用乙酸酐封端的不飽和聚酯與交聯聚氨酯預聚物製備成具有互穿網路的聚合物。當不飽和聚酯與聚氨酯物質的量比為 1：4 時，網路互穿效應最強，可以顯著提高不飽和聚酯的抗衝擊性能。在不飽和聚酯中加入聚苯乙烯、聚乙酸乙烯酯等熱塑性樹脂形成低收縮劑，使不飽和聚酯固化後形成孔隙結構或微裂紋結構來彌補固化收縮量。

（3）聚酯丙烯酸酯

聚酯丙烯酸酯是由不飽和聚酯與丙烯酸製得的，合成方法包括：丙烯酸、二元酸與二元醇一步酯化；二元酸與二元醇先合成聚酯二醇，再與丙烯酸酯化；二元酸先與環氧乙烷加成，再與丙烯酸酯化。

聚酯丙烯酸酯價格低廉，黏度低，既可作預聚物，又可作為活性稀

釋單體，有較好的柔韌性和材料潤濕性，但其光固化速率慢，固化膜硬度低，耐鹼性差。松香與丙烯酸的加成產物——丙烯海松酸具有稠合多脂環結構，剛性較大，將其引入聚酯丙烯酸酯分子結構中，可以提高聚酯丙烯酸酯塗膜光澤度、硬度及耐熱性能。

3.3　光聚合反應

光固化快速成形是利用液態光敏樹脂（光聚合物）在特定波長紫外光照射下發生光聚合反應快速固化這一特性發展起來的。光聚合是指化合物因吸收光而引起分子量增加的任何過程，其中也包括大分子進一步的光交聯。

在光固化快速成形工藝中，使用比能 W^* 描述光敏樹脂的光敏性能，是固化單位光聚合物樹脂所需的輻射能量。

$$W^* = \frac{W_c'}{l_c} \exp\left(\frac{l_c}{l_p}\right) \tag{3-7}$$

式中，W_c' 是光聚合物樹脂從液相轉變為固相的固化暴露閾值，固化暴露閾值是光聚合樹脂從液相轉變為固相時固化暴露所需的能量閾值；l_c 是聚合物固化的深度；l_p 是滲透深度。

迄今為止，人們所發現的光聚合除光縮聚反應外，就其本質而言，都是鏈反應機理，即由活性種（自由基或離子）引發的過程。目前在光固化快速成形中主要有兩種反應機理：自由基聚合和陽離子聚合。

3.3.1　自由基聚合

單體分子借光的引發活化成為自由基，當光聚單體分子與一個引發劑自由基或離子結合時，活性狀態就轉移到單體分子上，觸發鏈反應，隨著鏈反應的進行，一個一個的單體分子迅速結合起來，其速度達每秒2000～20000 個單體分子。反應結束後，固化成具有三維網狀結構的固體高分子，具體而言，分為光引發、鏈成長、鏈終止三個階段。

（1）光引發

某些單體吸收一定波長的光（通常是紫外光）會產生自由基，表 3-1 列出了若干單體轉變為自由基時所吸收的相應光波波長。靠單體直接引發的效率較低，採用光引發劑可以大大提高效率。引發劑引發由兩步組成，第一步是光引發劑（Ⅰ）吸收一定波長的光子後，分解形成初級自

由基（R·）

$$I + h\upsilon \longrightarrow 2R\cdot$$

式中，h 是普朗克常數，其值為 6.626×10^{-34} J·s；υ 是光子的頻率。

第二步，初級自由基和單體加成，形成單體自由基：

$$R\cdot + CH_2 = CH - X \longrightarrow R - CH_2 - XCH\cdot$$

表 3-1　若干單體轉變為自由基時吸收的光波波長

單體	吸收光波波長/nm
丁二烯	253.7
氯乙烯	280
醋酸乙烯酯	300
苯乙烯	250
甲基丙烯酸甲酯	220

（2）鏈成長

鏈成長就是鏈引發所產生的自由基和單體分子迅速重複加成，形成大分子自由基的過程，可用以下反應式表示：

$$R - CH_2 - XCH\cdot + nCH_2 = XCH \longrightarrow R - CH_2 - (XCH - CH_2)_n - XCH\cdot$$

（3）鏈終止

所謂鏈終止就是成長鏈自由基相遇，活性消失，形成無活性的穩定大分子的過程。自由基有強烈的相互作用的傾向，鏈自由基的濃度不斷增大，鏈自由基相遇的機會就增多，相遇後發生終止反應，終止方式有結合終止和歧化終止，用通式表示：

$$R - CH_2 - (XCH - CH_2)_n - XCH\cdot + \cdot XCH - (CH_2 - XCH)_m - CH_2 - R \longrightarrow$$
$$R - CH_2 - (XCH - CH_2)_n - XCH - XCH - (CH_2 - XCH)_m - CH_2 - R$$

該反應生成的大分子鏈無反應活性，應終止。

鏈成長和鏈終止是一對競爭反應，隨著自由基濃度的增大，終止反應逐漸占優勢，最終導致反應終止。

光聚合反應所需的活化能低，易於進行低溫聚合。一般光固化快速成形的溫度範圍是 $30\sim40℃$，即室溫或略高於室溫。光聚合反應是吸收一個光子導致大量單體分子聚合為大分子的過程，從這個意義上講，光聚合是一種量子效率很高的光反應，因此，光固化成形採用的雷射器能量只有 100mW 左右，而雷射燒結 3D 列印技術中的雷射器能量是它的 1000 餘倍。

另外，自由基聚合有氧氣阻聚作用，而陽離子聚合則沒有這一缺陷。

3.3.2　陽離子聚合

陽離子聚合反應是指由活性陽離子所引發的光聚合反應，它由鏈引發、鏈成長、鏈終止、鏈轉移等基元反應組成。其適用的單體比自由基光引發聚合更多，而且陽離子型光聚合反應不會被氧氣阻聚，在空氣中即可獲得快速而完全的聚合，這在工業中是個重要的優點，而且其固化物具有良好的力學性能。但與自由基聚合反應相比，陽離子聚合固化速度比較慢，而且受濕氣影響。

陽離子型聚合反應有兩類：光引發陽離子雙鍵聚合和光引發陽離子開環聚合，前者常見於乙烯基不飽和單體進行的聚合（典型代表為乙烯基醚），後者指光引發具有環張力單體的陽離子聚合反應（典型代表為環氧化物）。乙烯基醚和環氧化物結構如圖 3-5 所示。

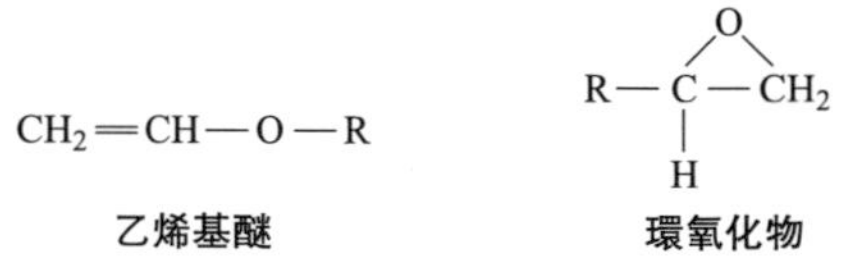

$$CH_2 = CH - O - R \qquad R - \overset{\overset{\displaystyle O}{\diagup\diagdown}}{\underset{H}{C}} - CH_2$$

乙烯基醚　　　　　　　　環氧化物

圖 3-5　乙烯基醚和環氧化物結構

3.4　光固化成形工藝

本節著重介紹立體光刻技術和數位光投影技術。由於連續液體介面提取技術和液晶固化成像成形技術等正處在進一步研發和初步應用階段，因此僅作簡單介紹。

3.4.1　立體光刻技術

立體光刻技術是最早的 3D 列印成形技術，也是目前較為成熟的 3D 列印技術。1986 年，美國人 Charles Hull 發明了第一臺基於立體光刻技術的 3D 印表機，並成立了 3DSystems 公司，其後許多關於快速成形的概念和技術迅速發展。

在立體光刻技術中，合適的液態光敏樹脂是該項技術的重要組成部

分，同時也決定了成形物的各項性能。用於立體光刻技術的光敏樹脂的基礎化學組成與傳統的紫外光固化物質一樣，主要由可光固化的預聚物、活性稀釋劑、光引發劑及輔助材料組成。早期用於立體光刻技術光敏樹脂體系中主要的預聚物及稀釋劑以丙烯酸酯類物質為主，採用自由基型光引發劑固化體系。這種體系的樹脂在用雷射列印時固化速度快，但材料在光固化時收縮率大，成形後的裝置變形嚴重，成形物的力學性能和耐溫性也不好，實際用途小。因此，現在的立體光刻技術光敏樹脂採用的是以丙烯酸酯和環氧化合物為主體的混合物，自由基和陽離子光引發劑雙重引發的物質體系。

另一方面，綠色環保是當前社會發展的重要課題。雖然光固化技術的優勢是無或低的碳排放，被譽為綠色化學，但是在光敏樹脂配方中經常會用到有毒有害的化合物，如含銻化合物、碘鎓鹽等。這些物質的添加，影響了三維快速成形技術在醫學、生物及食品等領域中的應用。同時，廢料的排放也會對環境造成毒害作用。所以研發新型無毒光引發體系及綠色環保的光敏樹脂越來越被人重視，已成為一個必然的發展趨勢。

（1）立體光刻成形設備

立體光刻技術所採用的設備由數控系統、控制軟體、光學系統、樹脂容器以及固化裝置等部分組成。

① 數控系統與控制軟體　數控系統與控制軟體主要由數據處理電腦、控制電腦以及 CAD 介面軟體和控制軟體組成。數據處理電腦主要是對 CAD 模型進行離散化處理，使之變成適合於光固化快速成形的文件格式（STL 格式），然後對模型定向切片。控制電腦主要用於 X-Y 掃描系統、Z 向工作平臺上下移動和塗覆系統的控制。CAD 介面軟體包括確定 CAD 數據模型的通訊格式、設定過程參數等。控制軟體用於對雷射器光束反射鏡掃描驅動器、X-Y 掃描系統等的控制。

② 光學系統　光學系統包括紫外雷射器和雷射束掃描裝置。紫外雷射器有氦-鎘（He-Cd）雷射器、氬（Ar）雷射器等。氦-鎘（He-Cd）雷射器輸出波長為 325nm，輸出功率為 15～50mW；氬（Ar）雷射器輸出波長為 351～365nm，輸出功率為 100～500mW。目前光固化快速成形機普遍使用固體雷射器 Nd：YOV4，其輸出波長穩定為 266nm，輸出功率較大且可調。光固化快速成形機雷射束的光斑直徑為 0.05～3mm，雷射的位移精度可達 0.008mm。雷射光束掃描裝置有兩種形式：一種是電流計驅動的掃描鏡方式，最高掃描速度 25m/s，適於製造小尺寸的高精度原型件；另一種為 X-Y 繪圖儀方式，雷射束在整個掃描過程與樹脂表面垂直，適於製造大尺寸的高精度原型件。

③ 樹脂容器　樹脂容器用於盛裝光敏樹脂，它的尺寸決定了光固化快速成形系統所能製造原型的最大尺寸。

④ 固化裝置　固化裝置包括升降平臺、塗覆裝置等。升降平臺由步進電機控制；塗覆裝置主要是使液態光敏樹脂迅速均勻地覆蓋在已固化層表面，保持每一層固化厚度的一致性，從而提高原型的製造精度。

立體光刻技術成形系統的結構如圖 3-6 所示。

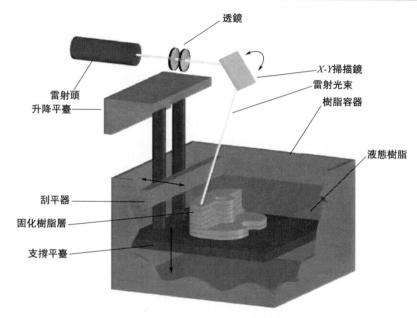

圖 3-6　立體光刻技術成形系統結構示意

(2) 立體光刻技術成形過程

藉助 CAD 進行原型設計的三維幾何造型，產生數據文件並處理成面化模型。將模型內外表面用小三角平面化離散化，再用等距離或不等距離的處理方法剖切模型，形成從底部到頂部一系列相互平行的水平截面片層。利用掃描線演算法對每個截面片層產生包括截面輪廓路徑和內部掃描路徑兩方面的最佳捷徑，同時在成形系統上對模型定位，設計支撐結構。切片資訊及生成的路徑資訊作為控制成形機的命令文件，並編出各個層面的數控指令送入成形機，至此完成立體光刻成形的前處理過程，開始立體光刻成形。

在平臺表面覆蓋一層新的液態樹脂，光線在 X-Y 掃描鏡的驅動下進

行橫縱向的掃描，光線經過的地方樹脂發生固化；第一層固化完成後，覆蓋一層新的液態樹脂，導軌帶動刮板刮平液態樹脂表面，光源再進行橫縱向的掃描。新形成的固化樹脂層與它下面一層的固化樹脂層牢固地黏結在一起，如此重複直到成形完畢。此時，工作檯上升至液面以上，從工作檯上取下成形工件，用溶劑清洗黏附的聚合物。雷射固化成形後的工件，其樹脂的固化程度只有大約 95%，為了使工件完全凝固，需對原型（即工件）進行後固化處理，將原型放在紫外燈中用紫外線泛光，一般後固化時間不少於 30min。固化後再對成形工件進行打磨、著色等處理，最終得到成形製品。

（3）立體光刻技術的優勢與侷限

立體光刻技術的優點在於：

① 可成形任意複雜形狀零件，包括中空類零件，零件的複雜程度與製造成本無關，且零件形狀越複雜，越能展現出立體光刻技術的優勢；

② 成形精度高，可成形精細結構，如厚度在 0.5mm 以下的薄壁、小窄縫等細微的結構，成形體的表面品質光滑良好；

③ 成形過程高度自動化，基本上可以做到無人值守，不需要高水準操作人員；

④ 成形效率高，例如成形一個尺寸為 130mm×130mm×30mm 的葉輪零件僅需要 4h，成形一個尺寸為 240mm×240mm×300mm 的葉輪零件需要 12h；

⑤ 成形無需刀具、夾具、工裝等生產準備，不需要高水準的技術工人，成形件強度高，可達 40～50MPa，可進行切削加工和拼接。

立體光刻技術適用於成形中、小件，能直接得到類似塑膠的產品，但是其缺點在於：

① 成形過程中有化學和物理變化，所以製件較易翹曲，尺寸精度不易保證，往往需要進行反覆補償、修正；

② 由於需要對整個截面進行掃描固化，因此成形時間較長；

③ 在成形過程中，未被雷射束照射的部分材料仍為液態，它不能使製件截面上的孤立輪廓和懸臂輪廓定位，因此需設計一些柱狀或筋狀支撐結構；

④ 產生紫外雷射的雷射管壽命僅 20000h 左右，價格昂貴，不過目前新型 UV-LED 已經被開發出來，用於取代雷射管。

3.4.2　數位光投影技術

　　數位光投影技術就是利用切片軟體將物體的三維模型切成薄片，將三維物體轉化到二維層面上，然後利用數位面光源照射使光敏樹脂一層一層固化，最後層層疊加得到實體材料。

（1）數位光投影成形設備

　　從功能上說，數位光投影成形系統可分為四個模組，分別是機械模組、控制模組、圖像處理模組和光學模組。機械模組的功能是為整個系統提供固定和支撐，使其他各系統能夠正常工作。數位光投影成形系統的結構如圖 3-7 所示。

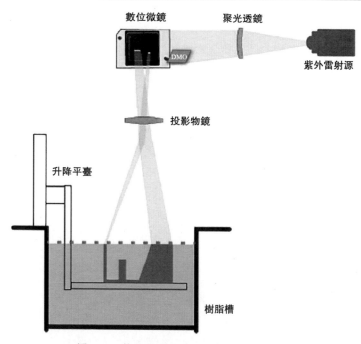

圖 3-7　數位光投影成形系統的結構示意

　　圖像處理模組的功能是將工件從三維模型轉換為二維的輪廓圖形，這一過程由 PC 機透過軟體完成工業規劃和參數設置。通常，是將三維模型轉換為通用的 STL 格式，再透過切片軟體得到每一層的二維輪廓圖形。

　　光學模組一般由聚光系統、數位微鏡和投影物鏡三部分組成。聚光系統提供了均勻的照明光束。數位微鏡是光學模組的核心，透過控制系

統發送的圖像訊號，生成所需的圖形輪廓。投影物鏡將生成的圖像輪廓投射出去。

　　與立體光刻技術相比，數位光投影技術採用的是面光源，即光照的投影。下面主要介紹一下用於控制光路的數位微鏡技術。

　　數位微鏡是微電子機械學科代表產品之一，由美國德州儀器公司發明，主要用於數位光投影（digital light processing，DLP）顯示技術，是世界上最精密的光學開關之一。到目前為止，已經開發出大量不同的尺寸和型號，但其基本原理相同，都是由上百萬個微鏡片聚集在 CMOS 矽基片上組合而成的。單片微鏡由四層結構組成，最上層為鋁製的微鏡片，有著良好的光反射率，下面是一個精密微型偏轉鉸鏈。微型偏轉鉸鏈可以由下層儲存器單元的狀態來控制，在對角線方向上調節鏡片的方向和角度，從而可以控制是否將光源反射到螢幕上。

　　單片微鏡在上述結構下形成了一個光開關功能，微鏡本身與儲存單元之間的電壓差產生了靜電吸引，可控制微鏡鏡面的轉動。如圖 3-8 所示，單片微鏡存在 $+\theta$、0° 和 $-\theta$ 三種狀態，當儲存器單元狀態為「1」時，鏡面為 $+\theta$，光線被反射到投影透鏡形成投影；當儲存器單元狀態為「0」時，鏡面為 $-\theta$，光線被反射到光線吸收區域，投影位置是黑闇的。

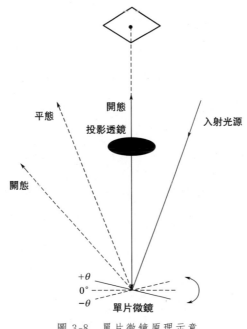

圖 3-8　單片微鏡原理示意

數位微鏡在光開關的控制頻率上，可高達每秒 1000 多次，透過脈寬調變，可以控制該像素的灰階，數位微鏡擁有 1000 多個灰階梯度。

綜上，數位微鏡中每個微鏡可以在色彩和灰階上精確控制一個像素，透過對數百萬個鏡片角度的調整，即可控制顯示整個投影的圖形。

（2）數位光投影的優勢與侷限

數位光投影技術有著其他光固化成形技術無法比擬的優點：

① 由於數位微鏡的光路幾乎不吸收能量，故發熱低，可以使用較強的光源，有著很高的光效率、高亮度和高對比度，而且延長了使用壽命；

② 數位微鏡的製造工藝水平取決於半導體的製造水平，所以數位微鏡可以達到很高的精度，因此數位光投影擁有很高的清晰度；

③ 數位光投影成形系統是全數位控制的，能精確還原原始彩色圖像，顯示的失真度低，圖像品質穩定；

④ 數位光投影顯示系統的體積小，穩定性高，可以長時間工作。

雖然數位光投影技術有很多的優點，但是由於數位光投影技術採用像素化投影，列印尺寸受數位光投影儀的制約，因此成形尺寸有限。

3.4.3　連續液體介面提取技術

前面介紹的兩種光固化成形方法是利用液態樹脂層層構築物體結構，即先列印一層，矯正外形，再灌入樹脂，再重複之前的步驟，列印速度和精度不可兼得。2015 年，Carbon3D 公司的 Tumbleston 等研究人員在 Science 雜誌上發表了一項具有顛覆性的 3D 列印技術——CLIP 技術，即「連續液體介面提取技術」，它可以實現快速連續的光敏樹脂成形製造。

連續液體介面提取技術的工作原理如圖 3-9 所示，在光敏樹脂槽底部有一個可以透過紫外線和氧氣的窗口。其中，紫外線可以使樹脂聚合固化，而氧氣可以起阻聚作用，這兩者的共同作用使得靠近窗口部分的樹脂聚合緩慢但仍呈液態，這一區域稱為「死區」。「死區」上方樹脂在紫外線作用下固化，已成形的物體被工作檯拖動上移，同時，樹脂在其基層上連續固化，直到列印完成為止。連續液體介面提取技術在提高精度的同時，列印速度也得到極大提升。

加拿大 3D 印表機製造商 NewPro3D 開發了 ILI（intelligent liquid interface）3D 列印技術，其與 CLIP 相似，但速度比後者還要快 30%。這項技術目前已經得到了應用，可以在不到 45min 的時間內「列印」一名患者的完整原尺寸顱骨模型，比原有技術快約 200 倍。

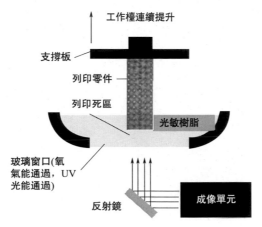

圖 3-9　CLIP 工作原理示意

3.4.4　液晶固化成像成形技術

　　與連續液體介面提取技術相比，液晶固化成像成形技術使用了 LCD 液晶螢幕來代替數位微鏡（digital micromirror device，DMD）作為光源，利用 LCD 液晶螢幕發光來對不同區域進行選擇性光固化。光源發射出紫外光，透過聚光透鏡和菲涅爾透鏡後，由 LCD 液晶螢幕控制光路選擇性透過，紫外光透過 LCD 液晶螢幕圖像透明區，照射在光固化樹脂上固化樹脂。由於光源在一側，樹脂在另一側，整個列印層可以同時曝光。液晶固化成像成形技術工作原理如圖 3-10 所示。

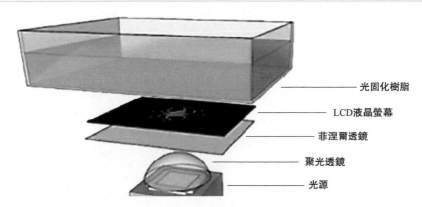

圖 3-10　液晶固化成像成形技術工作原理示意

　　液晶固化成像成形技術是面成形光源，列印速度比立體光刻技術快。精度小於 $100\mu m$，優於第一代立體光刻技術，可以和目前的桌面級數位光投影成形技術媲美。此外，相比於其他光固化成形技術，該技術性價比較高，結構簡單，容易組裝和維修。所有 DLP 類的樹脂或者大部分光固化樹脂理論上都可以兼容。

　　由於 LCD 技術使用液晶螢幕來控制光源，相比於使用數位微鏡的 DLP 技術，光通量有限，需要更長的曝光時間。為了彌補這種較低的曝光量，液晶顯示（liquid crystal display，LCD）技術用樹脂增加了單體和光敏引發劑，從而可能會增加列印成形的收縮率。此外，長時間受到強紫外線的照射和穿透，LCD 液晶螢幕會發熱，降低使用壽命。

　　目前，LCD 技術使用的光敏樹脂多為紫外光波段（波長 405nm），而紫外光對 LCD 液晶螢幕具有一定的損傷作用，因此探索可在其他波段固化的光敏樹脂也很有必要。Photocentric 公司研發了一種在 400～600nm 可見光波段就可固化的光敏樹脂，這將降低 LCD 3D 列印設備的造價，進一步普及 LCD 3D 列印技術。

3.4.5　容積成形技術

　　容積成形技術是將置於透明圓柱容器中的光敏樹脂進行週期旋轉曝光固化的 3D 列印技術，原理如圖 3-11 所示，紫外光從一個 DLP 投影儀裡射出，投向一箇中間持續旋轉的系統，裡面裝有光敏樹脂，當容器帶動樹脂液體旋轉時，DLP 投影儀投影出持續變化的光路形狀，催化光固化樹脂固化。該技術由來自柏克萊和美國勞倫斯利佛摩國家實驗室的研究人員提出，並且研究出一種計算軸向光刻的演算法，用於控制軸向照射的光線，如圖 3-12 所示。

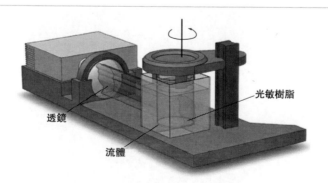

光敏樹脂

透鏡

流體

圖 3-11　容積成形 3D 列印成形原理

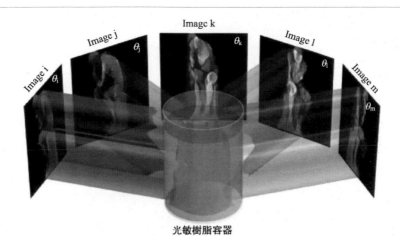

光敏樹脂容器

圖 3-12　軸向光刻（CAL）演算法示意

與傳統的立體光刻技術和數位光投影技術相比，容積成形技術列印速度更快，並且還可以使用不同的光敏樹脂材料組合完成列印。這套系統的最高精度，目前可以達到 0.3mm。

3.5　常見設備及其性能

目前，採用光固化成形的 3D 印表機已經實際生產應用，這裡介紹兩款市面上較為先進的設備。

（1）DWS DigitalWax 029X

DWS DigitalWax 029X 是義大利製造商 DWS Additive Manufacturing 生產的立體光刻技術 3D 印表機。在該 3D 印表機上可以列印各種材料，包括丙烯酸酯樹脂、ABS、聚丙烯等。主要列印性能如表 3-2 所示，設備外觀如圖 3-13 所示。

表 3-2　DWS DigitalWax 029X 列印性能

XY 精度	0.05mm
最大模型尺寸	150mm×150mm×200mm
最大模型體積	4.50L
最小層高	$10\mu m$

DWS DigitalWax 029X 是典型的立體光刻技術印表機，可以列印多種材料，是很多工程材料的替代品，材料應用舉例如表 3-3 所示。

圖 3-13　DWS DigitalWax 029X 設備外觀

表 3-3　DWS DigitalWax 029X 材料及應用

材料	性質	應用
DC 100	高精度、低收縮率	適合直接生產表面光滑細緻的首飾、圖案
DC 500	蠟狀材料、易燃	適用於珠寶或者細線圖案的成形
DL 350	類聚丙烯、高彈性	為日常使用和工業設計成形零部件
DL 360	透明、強度高	生產透明的功能部件，可用於日常使用和工業設計
AB 001	類 ABS	生產高強度的部件
GM 08	類橡膠、透明、高彈性	生產靈活耐用的部件，無需進一步處理
DM 210	類陶瓷、表面品質高	適用於具有液體矽膠特性的珠寶圖案
DM 220	納米填充陶瓷、表面光滑	適用於在高溫下使用的橡膠製品模型

（2）ASIGA PICO 2

ASIGA PICO 2 3D 印表機主要基於 Asiga 公司的 SAS（slide-and-separate，滑動與分離）技術，這是一種自上而下的數位光投影技術，可實現較大的構建尺寸，同時需要的支撐結構較小，精度較高。主要列印性能如表 3-4 所示，設備外觀如圖 3-14 所示。

表 3-4　ASIGA PICO 2 列印性能

XY 精度	0.05mm
最大模型尺寸	150mm×150mm×200mm
最大模型體積	4.50L
最小層高	10μm

圖 3-14 ASIGA PICO 2 設備外觀

ASIGA PICO 2 可實現 $10\mu m$ 的列印層厚，可用於牙齒修復，包括牙冠、牙橋、義齒、嵌體、高嵌體，以及珠寶製造和助聽器製造，材料應用舉例如表 3-5 所示。

表 3-5　ASIGA PICO 2 材料及應用

材料	性質	應用
Plas™ range	高解析度、耐腐蝕	適用於外殼、夾具、機械組件的成形，具有較高耐用性和表面光潔度
Super CAST	快速成形大量樹脂	適用於精密成形，如首飾製造和牙齒修復
Super WAX	蠟狀材料、易燃	低熔點，50℃液化

3.6　光固化成形的技術進展

3.6.1　光敏樹脂研發進展

（1）可高速列印和高精度成形的光敏樹脂研發

雖然 3D 列印快速成形技術已走向實際生產及商業領域，但是列印的速度還是較慢。3D 列印速度慢增加了使用者的商業成本，使「快速」兩字大

打折扣。另外，由於三維快速成形技術本質上是「層疊加」，因此在光固化時材料層與層之間的介面難以連續，這樣就產生了成形精度有限的問題。所以，實現高速、高精度列印是印表機和耗材研發者共同追求的目標。

（2）功能化光敏樹脂的研發

由於現用立體光刻技術光敏樹脂化學與物理性能的侷限，使得立體光刻技術的應用絕大多數集中在模具、文物保護及文化創意等領域，很少能作為直接安裝使用的機械零件。如果材料可以滿足使用者在材料功能上的需要，如抗衝擊性、導電性、耐高溫性、阻燃性、耐溶劑性、高透光性及生物相容性等，那麼三維快速成形技術將會大大擴展其應用領域，實現質的飛躍。從最近幾年文獻報導來看，立體光刻技術應用在生物醫療領域飛速發展。如開發出可列印多孔性的骨骼或生物支架的光敏凝膠材料，材料具有生物相容性，可在上面培育細胞，實現生物器官的3D列印。所以，如何開發及研究帶有功能性的新型光敏樹脂材料體系是材料研發者面臨的一大挑戰。

（3）無毒害無環境汙染光敏樹脂的研發

綠色環保是當前社會發展的重要課題。雖然光固化技術的優勢是無或低的碳排放，被譽為綠色化學。但是在光敏樹脂配方中經常會用到有毒有害的化合物，如含銻化合物碘鎓鹽等，這些物質的添加影響了三維快速成形技術在醫學生物及食品等領域中的應用。同時，廢料的排放也會對環境造成毒害作用。因此，研發新型無毒光引發體系及綠色環保的光敏樹脂越來越被人重視，已成為一個必然的發展趨勢。

3.6.2　光固化陶瓷新材料研發進展

基於光固化直接陶瓷成形工藝是一種新型陶瓷成形工藝。工業陶瓷是伴隨著現代工業技術發展而出現的各種新型陶瓷總稱，它充分利用了各組成物質的特點以及特定的力學性能和物理化學性能。陶瓷材料具有優良的高溫性能、高強度、高硬度、低密度、好的化學穩定性，使其在航太航空、汽車、生物等行業得到廣泛應用。而陶瓷難以成形的特點又限制了它的使用。

光固化陶瓷 3D 列印的工藝流程如下：

① 把光固化陶瓷漿料放入光固化印表機中列印成形；

② 清洗未固化的陶瓷漿料；

③ 列印成形的陶瓷生坯中有機物的含量高，應在保護性氣體中脫脂；

④ 對陶瓷生坯進行高溫燒結。

　　美國 Michigan 大學的 Michelle L Griffith 和 John W. Halloran 首先提出了將立體光刻技術和陶瓷製造工藝相結合的思想，並初步研究了水基和樹脂基兩種陶瓷漿料的製備。中國周偉召等人研究的基於光固化的直接陶瓷成形工藝也取得了很大進展，他們對影響陶瓷漿料黏度及固化厚度的各種因素進行了研究，製得了一種低收縮率的陶瓷零件。氮化矽陶瓷部件在機械、化工和汽車等領域均有著廣泛的應用，例如：氮化矽陶瓷齒輪、渦輪轉子等。目前，氮化矽陶瓷坯體主要存在成品不均勻、燒結後產品尺寸精度差以及製造成本高的缺陷。廣東工業大學利用具有雙峰分布的氮化矽陶瓷粉體與預混液、光引發劑等混合所製得的氮化矽陶瓷，光固化列印後陶瓷顆粒分散均勻、尺寸精度高、表面光潔度好，提高了陶瓷產品的可靠性。

參考文獻

[1] 呂延曉. 紫外光/電子束（UV/EB）固化的應用現狀與發展前景（一）[J]. 精細與專用化學品, 2007 (01)：29-32.

[2] 吳幼軍, 褚衡, 酈華興. 激光光固化快速成形用光敏樹脂的研製[J]. 塑料科技, 2003, (3)：7-11.

[3] 李志剛. 中國模具設計大典[M]. 南昌：江西科學技術出版社, 2003.

[4] Wang W. Synthesis and characterization of UV-curable polydimethylsiloxane epoxy acrylate [J] European polymer journal. 2003 Jun 30；39 (6)：1117-23.

[5] Kim J, Jeong D, Son C, et al. Synthesis and applications of unsaturated polyester resins based on PET waste[J]. Korean Journal of Chemical Engineering. 2007 Nov 1；24 (6)：1076-83.

[6] 游長江, 劉迪達, 羅文靜, 等. 不飽和聚酯的改性[J]. 廣州化學, 2001, (2)：42-49.

[7] 張春南, 謝暉, 黃莉, 等. 紫外光固化松香基聚酯丙烯酸酯的合成研究[J]. 熱固性樹脂, 2009, (6)：22-25.

[8] 李善君, 紀才圭. 高分子光化學原理及應用[M]. 上海：復旦大學出版社. 1993.

[9] 焦書科, 黃次沛, 蔡夫柳, 等. 高分子化學[M]. 北京：中國紡織工業出版社. 1994.

[10] 陸企亭. 快固型膠黏劑[M]. 北京：科學出版社. 1992.

[11] 翟緩萍, 侯麗雅, 賈紅兵. 快速成型工藝所用光敏樹脂[J]. 化學世界, 2002 (08)：437-440.

[12] 李振, 張雲波, 張鑫鑫, 等. 光敏樹脂和光固化 3D 打印技術的發展及應用[J]. 理化檢驗（物理分冊）, 2016, 52 (10)：686-689＋712.

[13] 郭天喜, 陳道. 用於光固化三維快速成型（SLA）的光敏樹脂研究現狀與展望[J]. 杭州師範大學學報（自然科學版），

2016, 15 (02)：143-148.

[14]　李小林，吳曉鳴，田宗軍，等．快速成型計算機控制系統[J]．機械設計與製造工程，1999 (01)．

[15]　黃曉明，張伯霖．光固化立體成型技術及其最新發展[J]．機電工程技術，2001 (05)．

[16]　陳劍虹，朱東波，馬雷，等．光固化法快速成型技術中的紫外光源[J]．激光雜誌，1999 (06)：57-59.

[17]　劉娟娟．用於 DLP 立體光刻技術的光敏樹脂研究[D]．瀋陽：遼寧大學，2016.

[18]　宛泉伯．投影式光固化快速成型設備控制系統研究[D]．哈爾濱：哈爾濱工業大學，2015.

[19]　劉杰．數字光處理 DLP 芯片及其應用[J]．集成電路應用，2015 (02)：28-30.

[20]　Feather G A, Monk D W. The digital micromirror device for projection display[C]// Proceedings IEEE International Conference on Wafer Scale Integration（ICWSI）. IEEE Computer Society, 1995.

[21]　Tumbleston J R, Shirvanyants D, Ermoshkin N, et al. Continuous liquid interface production of 3D objects[J]. Science, 2015, 347 (6228)：1349-1352.

[22]　Kelly, B. E, Bhattacharya, I., Heidari, H., et al. Volumetric additive manufacturing via tomographic reconstruction [J]. Science, 2019 (363), 1075-1079.

[23]　周飛．基於光固化技術的陶瓷快速成型研究進展[J]．中國陶瓷工業，2017 (06)：21-22.

[24]　Griffith M L, Halloran J W. Freeform fabrication of ceramics via stereolithography[J]. Journal of the American Ceramic Society. 1996 Oct 1；79 (10)：2601-2608.

[25]　周偉召，李滌塵，周鑫南，等．基於光固化的直接陶瓷成形工藝[J]．塑性工程學報，2009, (3)：198-201.

[26]　劉偉，伍海東，伍尚華，等．一種基於光固化成形的 3D 打印製備氮化矽陶瓷的方法：201710048156. 0[P]. 2017-01-20.

第4章

粉末床熔融
成形技術

　　粉末床熔融成形技術（powder bed fusion，以下簡稱 PBF）是一種利用雷射等熱源誘導粉末顆粒間局部或完全熔合的積層製造工藝。粉末床熔融成形技術的機理主要是燒結和熔融，兩者區別在於燒結被認為是部分熔融過程，而熔融被認為是完全熔融過程。在固態燒結過程中，顆粒表面的熔合只會導致零件存在固有孔隙，而在完全熔融過程中，所有的顆粒都完全熔合在一起，從而形成緻密的零件，其孔隙度幾乎為零。結合機理將在很大程度上影響成形速度和零件性能。粉末床熔融成形技術主要是以高能雷射/電子束為能量源的熱加工工藝為基礎，為成形材料選擇合適的雷射/電子束系統是粉末床熔融成形技術的關鍵。

　　粉末床熔融成形技術包括選擇性雷射燒結（selective laser sintering，SLS）、選擇性雷射熔融（selective laser melting，SLM）和電子束熔融（electron beam melting，EBM）。在粉末床熔融工藝過程中，每個掃描體的單位體積比能量 W 是雷射功率 P、掃描速度 v、掃描間距 h、層厚 t 等加工參數的函數：

$$W = \frac{P}{vht} \tag{4-1}$$

　　選擇性雷射燒結所用的金屬材料是經過處理的與低熔點金屬或者與高分子材料混合的粉末，在加工的過程中低熔點的材料熔化，但高熔點的金屬粉末是不熔化的。利用被熔化的材料實現黏結成形，所以實體存在孔隙，力學性能差，要使用的話還要經過高溫重熔。

　　選擇性雷射熔融是在加工的過程中用雷射使粉體完全熔化，不需要黏合劑，成形的精度和力學性能都比選擇性雷射燒結要好。

　　電子束熔融是使用電子束將金屬粉末一層一層融化，生成完全緻密的零件。電子束熔融和真空技術相結合，可獲得高功率和良好的環境，從而確保材料性能優異。

4.1　粉末床熔融成形原理、 特點和設備

4.1.1　選擇性雷射燒結技術

　　選擇性雷射燒結技術又稱為選區雷射燒結技術。選擇性雷射燒結技術最初來源於美國得克薩斯大學奧斯汀分校的一個學生——Carl Deckard。1989 年，Carl Deckard 在他的碩士論文中首先提出了該技術，

並且成功研製出世界上第一臺選擇性雷射燒結成形機。隨後美國 DTM 公司於 1992 年研製出第一臺使用選擇性雷射燒結工藝、可用於商業化生產的成形機——Sinter Station 2000 成形機，正式將選擇性雷射燒結技術商業化。與其他快速成形方法相比，選擇性雷射燒結技術具有能成形高度緻密的金屬製件、選材廣泛、無需設置支撐結構、精度高等優勢。

按燒結材料的特性，選擇性雷射燒結技術的發展可以分為兩個階段：

① 利用燒結低熔點材料來製造製品　到現在為止，大部分的燒結設備及工藝都處於該階段，所使用的材料為高分子材料、金屬材料、陶瓷材料以及它們的複合材料。

② 燒結高熔點的材料直接製出製品　目前研究人員依然在努力突破選擇性雷射燒結技術的瓶頸，同時利用該技術解決傳統加工成形過程中遇到的難點。現如今，選擇性雷射燒結技術已在汽車、造船、醫療、航空等領域得到廣泛應用，對人們的生活產生了深遠的影響。

(1) 選擇性雷射燒結技術的原理

完整的選擇性雷射燒結技術工藝過程由 RP（rapid prototyping）系統與 CAD 系統兩個方面共同協作完成，STL 文件格式為二者數據交換的途徑，如圖 4-1 所示。其整個工藝過程包括 CAD 建模與模型數據處理、鋪粉、燒結以及製品後處理等。CAD 建模可利用 Pro/E 或者 SolidWorks 等建模軟體生成，也可以透過 3D 感測器（如聲、光數位儀）、醫學圖像數據或者其他 3D 數據源生成，建模軟體生成的 CAD 模型無法直接運用於 RP 系統，因此需先轉化為 STL 格式文件。

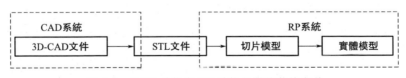

圖 4-1　CAD 系統與 RP 系統之間的數據交換

選擇性雷射燒結技術的整個成形工藝裝置包括：雷射器、雷射器光路系統、振鏡掃描系統、工作平臺、供粉缸、工作缸以及推粉裝置。工作前，需將 CAD 模型轉化為 STL 文件格式，然後將其導入 RP 系統中進行參數的確定（雷射功率、預熱溫度、分層厚度、掃描速度等）。工作時，供粉缸活塞上升，推粉裝置將粉末均勻地在工作平面上鋪上一層，

電腦根據模型的切片結果控制雷射對該層截面進行有選擇性的掃描、燒結粉末材料以成形一層實體；一層截面燒結完成後，工作平臺下降一個層厚，推粉裝置在工作平面上均勻地鋪上一層新的粉末材料，電腦根據模型在該層切片結果控制雷射對該層截面進行有選擇性的掃描、燒結粉末材料以成形一層新實體；層層疊加、循環往復，最終形成一個三維製品；待製品完全冷卻，取出製品並收集多餘粉末，得到所需要的坯體。工作原理如圖 4-2 所示。

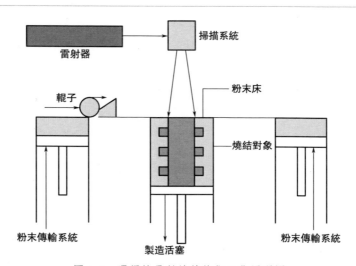

圖 4-2　選擇性雷射燒結技術工作原理圖

(2) 選擇性雷射燒結技術的特點

選擇性雷射燒結技術與其他快速成形技術相比，其最大的優點在於選材廣泛。理論上來說，只要是能透過雷射加熱，使其受熱產生相互黏結的粉末材料都有成為選擇性雷射燒結技術原材料的可能性，同時該技術能成形緻密的金屬製品。該技術還具備以下特點：

① 成形過程與零件複雜程度無關，製件的強度高。與其他快速成形方式不同，選擇性雷射燒結不需要預先設置支撐結構，其利用未被燒結的粉末作為支撐，可以成形形狀非常複雜的製品。

② 生產週期短。由於無需預先設置支撐結構，無需合模，因此從 CAD 建模到製品加工完成，整個過程僅僅只需要幾個小時到十幾個小時；且在加工過程中實現數位化，製品形狀可以隨時修正、隨時製造，常常運用於新產品的研製與開發。

③ 成形精度高。當粉末材料的粒徑小於 0.1mm 時，成形的精度可

達到 ±1%。

④ 材料利用率高。未燒結的粉末可重複使用，成本低，因而成形出的製品價格便宜。

⑤ 應用面寬泛。因其選材的多樣化，可以運用於汽車、造船、醫療等諸多行業。

(3) 選擇性雷射燒結成形設備

1992年，美國 DTM 公司（現已併入美國 3D Systems 公司）基於選擇性雷射燒結技術提出者 Carl Deckard 發表的論文發明了世界上第一臺商用型 SLS 快速成形機 Sinter Station 2000，如圖 4-3 所示。從那時起，越來越多的企業、機構加入對 SLS 快速成形機的研究工作中。現階段，在 SLS 成形設備領域的領軍單位有美國 3D Systems 公司、德國的 EOS 公司以及北京隆源公司和華中科技大學等。

圖 4-3　Sinter Station 2000 快速成形機

2001年德國 EOS 公司緊隨 DTM 公司推出 EOSINT 系列選擇性雷射燒結成形機，其中 EOSINT P 系列成形機適合於高分子材料；EOSINT M 系列適合於金屬材料；EOSINT S 系列適合於覆膜砂，是目前比較成熟的高端印表機。

EOSINT M400 印表機（如圖 4-4 所示）採用 4 個雷射頭，每個雷射頭的最大功率為 1000W，可以極大提高生產效率，滿足需要更高功率雷射器的材料；其最大的列印尺寸是 400mm×400mm×400mm，雷射聚焦直徑 90μm；該印表機帶有具有自動清洗功能的循環過濾系統，可以降低材料過濾的成本；同時該印表機帶有觸摸屏，方便使用者快速操作。

當前，3D Systems 和 EOS 公司是世界上最大的選擇性雷射燒結成形設備與材料的供應商。表 4-1 為美國 3D Systems 公司選擇性雷射燒結成形設備型號及參數，這些設備對應的外形如圖 4-5 所示。

圖 4-4　EOSINT M400 印表機

圖 4-5　美國 3D Systems 公司選擇性雷射燒結成形設備

表 4-1　美國 3D Systems 公司選擇性雷射燒結成形設備型號及參數

型號	ProX SLS 500	sPro 60 HD-HS	sPro 140	sPro 230
成形空間 /mm	381×330×460	381×330×460	550×550×460	550×550×750
材料	DuraForm ProX PA	DuraForm PA/GF/EX/HST/Flex/PS	DuraForm PA/GF/EX/HST/Flex/PS	DuraForm PA/GF/EX/HST/Flex/PS
分層厚度 /mm	0.08～0.15	0.08～0.15	0.08～0.15	0.08～0.15
成形速度 /L・h^{-1}	1.8	1.8	3.0	3.0
粉末回收 處理	全自動	人工	自動	自動

　　中國對選擇性雷射燒結技術的研究起步於 1990 年代初。1994 年，北京隆源自動成形系統有限公司成功研製出中國首臺工業級 3D 列印設備——選區雷射粉末燒結快速成形機，該機透過北京市科學技術委員會組織的專家鑑定，並獲得發明專利。截至 2018 年，隆源已經研製成功新一代金屬鋪粉 3D 印表機——AFS-M260 和 AFS-M120（如圖 4-6 和圖 4-7 所示），突破了高精度運動系統、封閉式供粉系統、惰性氣氛控制、過程監測及整機控制等技術難點，可實現普通不鏽鋼、鎳基合金材料的高效成形，還可使鈦合金、鋁合金等易燃合金在保護氣體下進行高效成形，成形的製品如圖 4-8 所示。

圖 4-6　金屬鋪粉（SLM）3D 印表機 AFS-M260

圖 4-7　金屬鋪粉（SLM）3D 印表機 AFS-M120

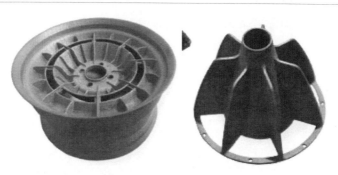

圖 4-8　採用隆源 AFS-M260、AFS-M120 成形的製品

　　2008 年，TPM3D 盈普團隊在中國推出首臺雷射燒結尼龍粉末積層製造系統——TPM ELITE P4500 以及尼龍粉末 Precimid1120，填補中國選擇性雷射粉末燒結製作工業級塑膠零件的技術空白。2017 年 5 月，TPM3D 盈普團隊研製的雷射燒結積層製造系統透過德國萊茵 TUV 的 CE 檢測，成為中國首家獲得 TUV 的 CE 認證的積層製造系統研發和製造商。2018 年，盈普發布自主研發和生產的高分子雷射燒結積層製造系統，透過對尼龍粉和聚醚醚酮 PEEK 的高溫燒結，提供矯形及康復固定支具、術前模型、手術導板、植入假體等個性化醫療解決方案。不久之後，盈普發布了非金屬粉體製造業內首個清潔生產解決方案，開創了清潔列印的先河。目前 TPM3D 盈普團隊向市場提供如圖 4-9 所示 S320HT、S360、S480 和 S600 四款雷射燒結設備。

(a) S320HT　　　　　　　　(b) S360

圖 4-9

(c) S480   (d) S600

圖 4-9　TPM3D 盈普團隊的四款雷射燒結設備

　　武漢大學與武漢濱湖機電技術產業有限公司聯合研製出基於粉末燒結的 HRPS 系列快速成形設備採用振鏡式動態聚集掃描方式，成形空間最大可達 1400mm×1400mm×500mm，是世界上最大的選擇性雷射燒結快速成形設備。該系列設備實現一機多材，可燒結多種高分子粉末、覆膜砂、陶瓷粉末，可直接製作各種高分子材料功能件、精密鑄造用蠟模和砂型、型芯。圖 4-10 為利用該系列設備製造出的製品。

圖 4-10　HRPS 系列快速成形設備製造的製品

　　2011 年 9 月，湖南華曙高科成功製造出中國首臺選擇性雷射燒結設備——FS401α 機，正式成為高端選擇性雷射燒結設備製造商。在此之後，華曙高科不斷加大對選擇性雷射燒結設備的研究。2018 年，華曙高

科推出了最新機型——「連續積層製造解決方案（CAMS）」的大型高溫尼龍列印設備 HT1001P（如圖 4-11 所示）。跟華曙高科其他產品一樣，該機型屬於開源系統，使用者可以根據需要靈活選擇材料，自由調節參數。該機型建造體積為 1000mm×500mm×450mm，可燒結熔點為 220℃ 以下的高性能材料，並且具有多雷射掃描能力，可列印單個或多個大尺寸工件。圖 4-12 所示為使 FS3300PA（PA 1212）粉末為原料透過 HT1001P 一體成形的汽車 HVAC 部件。

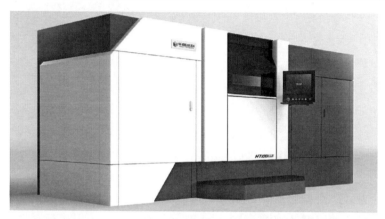

圖 4-11　大型高溫尼龍列印設備 HT1001P

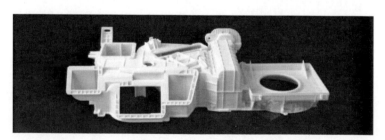

圖 4-12　透過 HT1001P 一體成形的汽車 HVAC 部件（原料為 PA 1212）

　　此外，中國很多科學研究院校也投入到選擇性雷射燒結成形設備的研究工作中，如中北大學研製的 HLP 系統、南京航空航天大學獨創的 RAP 系統等。

4.1.2　選擇性雷射熔融技術

　　選擇性雷射熔融技術最早由德國弗朗霍夫雷射器研究所（Fraunhofer

Institute for Laser Technology，FILT）於 1995 年提出，用它能直接成形出接近完全緻密度的金屬零件。選擇性雷射熔融技術克服了選擇性雷射燒結技術製造金屬零件工藝過程複雜的困擾。選擇性雷射熔融技術是利用金屬/陶瓷粉末在雷射束的熱作用下完全熔化、經冷卻凝固而成形的一種技術。選擇性雷射熔融是從選擇性雷射燒結中演變而來，它的加工方式與選擇性雷射燒結相類似，但是因為在加工過程中粉末完全融化，因此成品有更高的緻密度，緻密度近乎 100％，是一種極具發展前景的快速成形技術，其應用範圍已經拓展到航空航太、醫療、汽車、模具等領域。

（1）選擇性雷射熔融技術的原理

選擇性雷射熔融技術與選擇性雷射燒結技術製件過程非常相似，成形工藝過程如圖 4-13 所示。選擇性雷射熔融工藝一般需要添加支撐結構，其主要作用展現在：

① 承接下一層未成形粉末層，防止雷射掃描到過厚的金屬粉末層而發生塌陷；

② 由於成形過程中粉末受熱熔化冷卻後，內部存在收縮應力，導致零件發生翹曲等，支撐結構連接已成形部分與未成形部分，可有效抑制這種收縮，能使成形件保持應力平衡。

圖 4-13　選擇性雷射熔融成形工藝過程

（2）選擇性雷射熔融技術的特點

優點：①可以直接熔融金屬/陶瓷材料，具有很高的緻密度，比選擇性雷射燒結具有更高的成形品質，比電子束熔融的成本更低；②抗拉強度等力學性能指標優於鑄件，甚至可達到鍛件水平，顯微維氏硬度可高於鍛件。

缺點：①成形速度較低，為了提高加工精度，需要用更薄的加工層厚，加工小體積零件所用時間也較長，因此難以應用於大規模製造；②設備穩定性、可重複性還需要提高；③表面粗糙度有待提高。

（3）選擇性雷射熔融成形設備

選擇性雷射熔融技術的研究主要集中在歐美國家，如德國、比利時、英國、美國等。其中，德國是最早、最深入從事選擇性雷射熔融技術研究的國家。第一臺選擇性雷射熔融系統是 1999 年由德國 Fockele 和 Schwarze（F&S）與德國弗勞恩霍夫研究所一起研發的基於不鏽鋼粉末選擇性雷射熔融成形設備。目前國外已有多家選擇性雷射熔融設備製造商，例如德國 EOS 公司、SLM Solutions 集團和 Concept Laser 公司。

德國 SLM Solutions 集團是世界領先的金屬雷射積層製造設備（3D 列印）生產商，專注於選擇性雷射熔融相關的高新技術研發，其研發的選擇性雷射熔融設備 SLM 125（如圖 4-14 所示）的加工尺寸為 125mm × 125mm × 125mm，設備結構緊湊，經濟性極佳，適合應用於研發領域以及工業生產小尺寸零件。此外，SLM 125 可選配成形尺寸 50mm× 50mm × 50mm 的加工小平臺，可減少 80％的粉末使用量。雙向鋪粉專利技術成就了其在同類型設備中最快的成形速度，而氣體循環過濾技術不僅已獲得專利，同時也呈現了安全操作的設計理念。惰性氣流即使在調節到最低消耗量時也能夠達到理想的工藝特性。

圖 4-14　SLM 125 設備

德國 EOS 公司為全球最大的雷射粉末燒結快速成形系統的製造商，其生產的 EOS M400 設備（圖 4-15），具有高功率、高生產效率、加強監測等特性，參數如表 4-2 所示。

圖 4-15　EOS M400 設備

表 4-2　**EOS M400 設備參數表**

雷射種類	Yb-fibre laser；1000W
最大成形尺寸/mm	400×400×400
切層厚度/mm	0.09
掃描速度/(m/s)	48
作業系統	Windows 7
輸入檔案格式	stl
重量/kg	4635
耗電網數/A	50
機臺尺寸/mm	4181×1613×2355
適用材料	鈦合金、模具鋼、不鏽鋼(工業、醫療)、鈷鉻合金、鋁鎂合金

　　近年來中國許多高校及研究機構都開始對該項技術進行研究和推廣。中國最早進行選擇性雷射熔融技術研究的單位是華中科技大學和華南理工大學，西北工業大學、鉑力特公司等單位作為後起之秀也取得了巨大的成就。

　　華中科技大學材料成形與模具技術國家重點實驗室先後推出了 2 套 SLM 設備：HRPM-Ⅰ和 HRPM-Ⅱ，主要性能參數如表 4-3 所示。利用上述設備，該中心成功製造了形狀複雜的薄壁網格件和葉片，但成形零件緻密性差，最大只能達到 80％。

表 4-3　華中科技大學開發的 HRPM 系統主要性能參數

工藝參數	HRPM-Ⅰ	HRPM-Ⅱ
成形空間/mm	250×250×450	250×250×400
雷射功率/W/類型	150/YAG	100/連續模式光纖雷射器
雷射掃描方式	三維振鏡動態聚焦	二維振鏡聚焦
雷射定位精度/mm	0.02	0.02
雷射最大掃描速度/(m/s)	5	5
成形速度/(mm³/h)	≥7000	≥7000
金屬粉末鋪粉層厚度/μm	50～100	50～100
送粉方式	雙缸下送粉	雙缸上送粉

　　鉑力特公司依託西北工業大學，引進美國 SCIAKY 公司的 EBF2 技術，在 2012 年開始發展選擇性雷射熔融技術和設備，迅速將其應用到航空航太領域，並在 2014 年推出首款選擇性雷射熔融設備。圖 4-16 為西安鉑力特公司的 SLM 成形件。

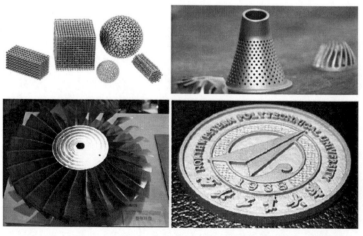

圖 4-16　西安鉑力特公司的 SLM 成形件

　　2016 年華中科技大學曾曉雁教授帶領團隊成功研發了一臺大型選擇性雷射熔融設備，該設備能夠製造出 500mm×500mm×530mm 的零件，成為當時全球最大的選擇性雷射熔融成形設備，該設備有 4 臺 500W 的光纖雷射器同時掃描，成形效率處於全球領先地位。但這一紀錄很快被蘇州西帝摩三維列印科技有限公司打破，面對航空航太和軍工市場需要

下 3D 列印體積越來越大的發展態勢，蘇州西帝摩三維列印科技有限公司在中國 863 項目的支持下，不斷突破創新，攻克技術難關，成功研發出大尺寸的選擇性雷射熔融金屬 3D 印表機 XDM750，該設備的外觀及列印件成品如圖 4-17 所示。它的成形尺寸為 750mm×750mm×500mm，自身尺寸和成形尺寸創下了兩項世界第一，而且加工件各項性能指標也達到世界領先水平，使得成形效率大幅提高，生產成本成倍下降，未來在航空航太和軍工、模具、醫療、汽車行業的廣泛應用，都能使機械的精密度和開發製造效率更上一層樓。

圖 4-17　XDM750 設備外觀及其列印件

4.1.3　電子束熔融技術

電子束熔融技術經過密集的深度研發，現已廣泛應用於快速原型製作、快速製造、工裝和生物醫學工程等領域。瑞典 Arcam AB 公司發明了世界首臺利用電子束來熔融金屬粉末，並經電腦輔助設計的精密鑄造成形機設備。它能用於加工專為病人量身定做的植入手術所需的人工關節或其他精密部件等。該機器利用電子束將鈦金屬的粉末在真空中加熱至熔融，並在電腦輔助設計下精確成形（如製成鈦膝關節、髖關節等）。由於鈦粉末在真空中熔融並成形，故可避免在空氣中熔融所帶來的氧化缺陷等品質問題。

（1）電子束熔融技術的原理

電子束熔融技術的原理如圖 4-18 所示。電子束熔融設備最重要的兩個部分包括真空室、電子槍。電子槍包括陰極、陽極和聚焦掃描系統；粉末料斗、鋪粉器、成形平臺等都安裝在真空室中，3D 列印過程在高真

空環境保護下進行。電子束由位於真空腔頂部的電子束槍生成。電子槍是固定的，而電子束則可以受控轉向，到達整個加工區域。電子從一個絲極發射出來，當該絲極加熱到一定溫度時，就會放射電子。電子在一個電場中被加速到光速的一半，然後由兩個磁場對電子束進行控制。第一個磁場扮演電磁透鏡的角色，負責將電子束聚焦到期望的直徑。然後，第二個磁場將已聚焦的電子束轉向到工作檯上所需的工作點。

　　電子束熔融成形過程與選擇性雷射燒結和選擇性雷射熔融大致相似：在實驗之前，首先將成形基板平放於粉末床上，鋪粉耙將供粉缸中的金屬粉末均勻地鋪放於成形缸的基板上（第一層），電子槍發射出電子束，經過聚焦透鏡和反射板後投射到粉末層上，根據零件的 CAD 模型設定的第一層截面輪廓資訊有選擇地燒結熔化粉層某一區域，以形成零件一個水平方向的二維截面；隨後成形缸活塞下降一定距離，供粉缸活塞上升相同距離，鋪粉耙再次將第二層粉末鋪平，電子束開始依照零件第二層 CAD 資訊掃描燒結粉末；如此反覆逐層疊加，直至零件製造完畢。

　　生產過程中，電子束熔融技術和真空技術相結合，可獲得高功率和良好的環境，從而確保材料性能優異。

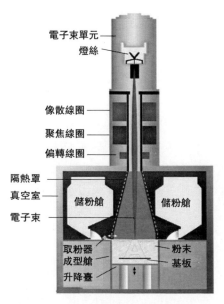

圖 4-18　電子束熔融技術的原理示意

（2）電子束熔融技術的特點

與選擇性雷射燒結/熔融相比，電子束熔融技術具有以下優勢：

① 電子束功率的高效生成使電力消耗較低，而且安裝和維護成本較低；

② 由於產出速度高，所以整機的實際總功率更高；

③ 由於電子束的轉向不需要移動部件，所以既可提高掃描速度，又使所需的維護很少；

④ 對於對光能具有較高反射作用的金屬沉積成形的利用率較高。

當然，電子束熔融技術也有劣勢，包括：

① 需要真空，所以機器需配備另一個系統，成本較高，而且需要維護，好處是，真空排除雜質的產生，而且提供了一個利於自由形狀構建的熱環境；

② 電子束熔融技術的操作過程會產生 X 射線，解決方法是合理設計真空腔封鎖射線。

（3）電子束熔融成形設備

瑞典 Arcam AB 公司發明了世界首臺利用電子束來熔融金屬粉末，並經電腦輔助設計的精密鑄造成形機設備。目前全球所使用的電子束熔融成形設備基本都是 Arcam AB 公司生產，其主要型號及技術參數見表 4-4。一般電子束熔融設備造價及材料昂貴，售價見表 4-5 和表 4-6。

表 4-4　瑞典 Arcam AB 公司電子束熔融成形設備主要型號及技術參數

工藝參數	型號		
	Q20	A2X	Q10
最大成形尺寸/mm	$350 \times 350 \times 380$	$200 \times 200 \times 380$	$200 \times 200 \times 180$
外形尺寸/mm	$2300 \times 1300 \times 2600$	$2000 \times 1060 \times 2370$	$1850 \times 900 \times 2200$
重量/kg	2900	1570	1420
束斑直徑	min:$180\mu m$	$0.2 \sim 1.0mm$	min:$100\mu m$
電子槍燈絲	水晶	鎢絲	水晶
電子束功率	$50 \sim 3000W$		
電子束掃描速度	最高 8000m/s		
加工速度	$55 \sim 80cm^3/h$		
粉末顆粒直徑	$45 \sim 105\mu m$		
電子束數量	最高 100		
表面品質	$Ra\,25\mu m/Ra\,35\mu m$		

SS,J＊2；Y2＜續表

工藝參數	型號		
	Q20	A2X	Q10
層厚	0.05～0.2mm		
電源	32A,7kW		
電腦系統	PC、Windows 操作系統		
CAD格式	STL		
網路	Ethernet10/100		
認證	CE		

表 4-5　電子束熔融成形設備售價

設備型號	Q20	A2X 或 A2	Q10
售價/萬歐元	96	82	66

表 4-6　電子束熔融成形常用粉末售價

粉末	Ti6Al4V	Ti	CoCr	Inconel
價格/(歐元/kg)	185	220	140	150

　　Q10 是 Arcam 公司最新一代的電子束熔融金屬 3D 印表機產品，如圖 4-19 所示。Q10 主要用於工業級的整形外科和醫療植入物製造。它具有高效率、高解析度、易於操作和製件品質高的特點。Q10 屬於 Arcam

圖 4-19　Arcam Q10 電子束熔融成形設備

A1 系統的替代產品，集成了多種新的先進功能，其中包括增加了一個新的電子束槍，它提升了生產效率並將零部件解析度提升到了一個更高的水平。此外 Q10 上還使用了 Arcam 最新的 LayerQam 技術，這是一個基於鏡頭的監控系統，可以在線監控零部件品質。

在很長一段時期，國產自主裝備處於空白。2004 年，以清華大學林峰教授為帶頭人的技術團隊瞄準 EBSM 技術，成功開發了中國首臺實驗系統 EBSM-150，並獲得國家發明專利。智束科技歷經多年研發，在中國率先推出開源電子束金屬 3D 印表機 Qbeam Lab，如圖 4-20 所示。該設備具有更大的功率密度，材料對電子束能量幾乎無反射；更強的穿透能力，可以完全熔化更厚的粉末層；更高的粉末溫度，降低熱應力，無需熱處理；更快的製造速度。智束科技 Qbeam Lab 電子束金屬 3D 印表機具有六大特點：核心軟體自主化、關鍵部件自主化、模組化可定製、工藝參數開源、自診斷自恢復、長時間穩定可靠。

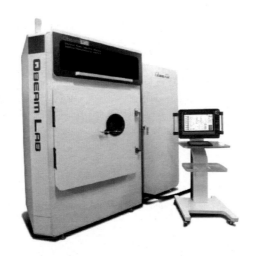

圖 4-20　Qbeam Lab 開源電子束金屬 3D 印表機

Qbeam Lab 電子束金屬 3D 印表機的主要技術參數如下：最大成形尺寸 200mm×200mm×240mm，成形精度 ±0.2mm，電子束最大功率 3kW，電子束加速電壓 60kV，電子束流 0～50mA，陰極類型為鎢燈絲直熱式，最小束斑直徑 200μm，電子束最大跳轉速度 10m/s，極限真空 10～2Pa，氦氣分壓 0.05～1.0Pa 可調，採用網格掃描法加熱粉末床，粉末床表面溫度可達 1100℃，採用主動式冷卻塊進行零件冷卻，採用光學

相機進行工藝監控，列印的 Ti6Al4V 樣件如圖 4-21 所示。

圖 4-21　Qbeam Lab 設備列印的 Ti6Al4V 樣件

4.2　粉末床熔融成形適用材料

4.2.1　高分子基粉末

　　高分子基粉末主要採用選擇性雷射燒結技術。採用選擇性雷射熔融技術或電子束熔融技術造價太高，其應用價值也不明顯。高分子基材料是研究最早、應用最廣泛、最成功的選擇性雷射燒結原材料。此類材料與金屬基、陶瓷基材料相比，具有成形溫度低，所需燒結雷射功率小等優點。目前，應用最多的選擇性雷射燒結高分子基材料主要是熱塑性高分子基材料，此種材料又分為非結晶性和結晶性兩種。

非結晶性高分子材料包括聚碳酸酯（PC）、聚苯乙烯（PS）、聚乳酸（PLA）、乳酸羥基乙酸的共聚物（PLGA）、聚己內酯（PCL）。結晶性高分子材料主要有尼龍（PA）、聚醚酮與聚醚醚酮（PEK、PEEK）、高密度聚乙烯（HPDE）。

（1）非結晶性高分子基粉末

與結晶性高分子材料不同，非結晶性高分子材料內的原子排列在三維空間不具有長程有序和週期性的特點，熔化時沒有明顯的熔點，而是存在一個轉化溫度範圍。非結晶性聚合物材料的燒結溫度是在玻璃化溫度 T_g 以上。雖然在雷射燒結中存在因黏度高，導致燒結速率低，從而導致燒結製件強度低、緻密性差等缺點，但非結晶性聚合物材料燒結過程中尺寸收縮小、精度高，非常適於燒結對機械強度要求不高、但精度要求很高的製件。同時，許多具有優良生物相容性的非結晶聚合物材料被應用於生物醫學行業。目前用於燒結的非結晶性聚合物材料有：聚苯乙烯（PS）、聚碳酸酯（PC）、聚乳酸（PLA）、乳酸羥基乙酸的共聚物（PLGA）、聚己內酯（PCL）等，其中 PS 與 PC 較為常見。

① 聚碳酸酯（PC）　PC 樹脂具有突出的衝擊韌性和尺寸穩定性，優良的力學強度、電絕緣性，使用溫度範圍寬，良好的耐蠕變性、耐候性、低吸水性、無毒性、自熄性，是一種綜合性能優良的工程塑膠，在 SLS 技術中是研究較多的高分子材料。

香港大學的 Ho 等在探索用 PC 粉末燒結塑膠功能件方面做了很多工作，他們研究了雷射能量密度對 PC 燒結件形態、密度和拉伸強度的影響，試圖透過提高雷射能量密度來製備緻密度、強度較高的功能件。雖然提高雷射能量密度能大幅度提高燒結件的密度和拉伸強度，但過高的雷射能量密度反而會使燒結件強度下降、尺寸精度變差，還會產生翹曲等問題。他們還研究了石墨粉對 PC 燒結行為的影響，發現加入少量的石墨能顯著提高 PC 粉末床的溫度。華中科技大學的史玉升教授從另外一個角度探討了 PC 粉末在製備功能件方面應用的可能性，他們採用環氧樹脂體系對 PC 燒結件進行後處理，經過後處理的 PC 燒結件的力學性能有了很大的提高，可用作性能要求不太高的功能件。

武漢工程大學汪艷等人基於華中科技大學製造的 HRSP-Ⅲ型快速成形機研究了選擇性雷射燒結工藝對 PC 燒結件性能的影響，主要是從燒結件斷面形態、密度、力學性能、燒結件精度 4 個方面研究了雷射功率對 PC 燒結件性能的影響。汪艷等人還研究了後處理對 PC 製件力學性能的影響，採用環氧樹脂對 PC 製件進行浸漬、固化處理。實驗結果顯示經環氧樹脂處理之後的燒結件緻密度和力學性能有大幅提升。

由於 PC 具有較高的玻璃化溫度，因而在雷射燒結過程中需要較高的預熱溫度，粉末材料容易老化，燒結不易控制。目前，PC 粉末在熔模精密鑄造中的應用逐漸被聚苯乙烯粉末所替代。

② 聚苯乙烯（PS）　PS 的玻璃化溫度低，在熔融態下流動性和穩定性好，因此非常適合做成形加工材料。但其與 PC 一樣，在燒結過程中容易產生孔隙，導致其成形件機械強度差，無法直接製作成功能件，需要經過後處理工序。

鄭海忠等利用乳液聚合方法製備核-殼式 Al_2O_3/PS 納米複合粒子，然後用這種複合粒子來增強 PS 的選擇性雷射燒結成形件，研究結果顯示納米粒子較好地分散在聚合物基體中，燒結件的緻密度、強度得到提高。然而，他們都沒有給出在增加燒結件緻密度的同時，燒結件的精度如何變化。一般來說，較低的緻密度是非晶態聚合物選擇性雷射燒結成形件強度低的根本原因，而從機理上講透過添加無機填料不能提高燒結件的緻密度，因而我們認為在保持較好精度的前提下，添加無機填料對非晶態聚合物選擇性雷射燒結成形件的增強作用有限。故此，華中科技大學的史玉升等提出先製備精度較高的 PS 初始形坯，然後用浸滲環氧樹脂的後處理方法來提高 PS 燒結件的緻密度，從而使得 PS 燒結件在保持較高精度的前提下，緻密度、強度得到大幅提升，可以滿足一般功能件的要求。

③ 其他非結晶性高分子材料　聚乳酸（PLA）、乳酸羥基乙酸的共聚物（PLGA）、聚己內酯（PCL）近期被人們用於選擇性雷射燒結。它們普遍擁有良好的生物相容性和醫用價值，被用於燒結製作出骨骼支架等生物結構組織，用於美容矯正、組織修復等領域。實際運用中，往往在體系內加入納米填料來提升這些材料的熱力學性能與生物修復能力。Bai 等對 PLA 與 PLA/納米黏土複合材料進行了探索，總結得出在不同的燒結條件下，納米黏土的加入可以使燒結件的彎曲模量提升 3.1％～41.5％；而透過一種雙重雷射掃描方法則能夠將彎曲模量增加 1 倍。Shuai 等將 PLGA/納米羥基磷灰石（nano-HA）複合材料運用於選擇性雷射燒結成形中，製作出了多孔支架零件，發現納米羥基磷灰石在複合粉末材料體系中的占比會大幅影響支架的力學性能和微觀形態。Xia 等將 PCL 與納米羥基磷灰石複合材料運用於雷射燒結，得到了有序微孔結構。生物體實驗顯示純 PCL 與 nano-HA/PCL 複合材料製件都有非常優良的生物相容性。nano-HA/PCL 支架則表現出更為優良的骨再生能力。

（2）結晶性高分子基粉末

結晶性聚合物材料最先被運用於選擇性雷射燒結或熔融技術，目前為

止，其仍在選擇性雷射燒結或熔融技術材料中占據很大份額。結晶性聚合物材料具有獨特的特性，其熔融溫度 T_{cm} 與再結晶的溫度 T_c 具有較寬的溫差，且熔限很窄、熔體黏度較低。較寬的熔融與結晶溫差，避免了再結晶過程的快速結晶造成結構強度缺陷；較窄的熔限範圍則利於確定選擇性雷射燒結印表機的工作溫度；熔體黏度較低則提高了加工速率與製品密實度。正是由於這些特性，結晶性聚合物材料非常適合運用於選擇性雷射燒結技術。然而結晶性聚合物材料也存在很大不足——收縮率很大，導致燒結過程中製品容易發生變形，製品的精度差。目前為止，運用於粉末床燒結技術的結晶性聚合物材料包括：尼龍（PA）及其複合材料、聚醚醚酮（PEEK）、高密度聚乙烯（HDPE）等。其中尼龍已經被證明是目前為止運用粉末床燒結技術直接製備塑膠材料功能件的最好材料。

① 尼龍（PA）及其複合材料　由於 PA 具有機械強度高、韌性好、耐疲勞性能突出、表面光滑、耐腐蝕、重量輕、易成形等優勢，因此運用 PA 成形出的製品在很多領域都得到廣泛運用。但運用尼龍成形製品同時存在幾大問題：加工溫度低、尺寸穩定性差、易氧化等，而尼龍的複合材料成形製品在某些方面上比純尼龍材料成形更加優越，可以滿足不同場合、不同需要，所以近年來對於尼龍複合材料成形的研究成為焦點。

Salmoria 等採用 PA12 和多壁碳納米管（MWCNTs）作為原料，製備了具有多種應用價值的 PA/MWCNTs 複合燒結件。Kenzari 等採用 PA 作為基體，採用 AlCuFeB 準晶體為填料粒子製備了燒結件，該燒結件具有高精度、高耐磨性和低摩擦係數等性能特點，同時較低的孔隙率確保了該材料可直接用作密封件，且不需要注入樹脂進行後處理，極大地縮短了製備時間。Pandey 等用改性蒙脫土增強 PA12，結果顯示選擇性雷射燒結成形複合材料的力學性能低於 PA12 原料。進一步研究發現，其原因在於燒結過程尼龍並沒有完全熔化，蒙脫土在尼龍基體中分散不均，在大部分區域並未發現二者反應形成納米複合材料。

② 高密度聚乙烯（HDPE）　HDPE 燒結件的性能雖然不如工程塑膠，但是它作為一種重要的通用結晶性塑膠，產量巨大、價格便宜、應用廣泛，人們因此也對其在選擇性雷射燒結技術的應用進行了一定研究。HDPE 一般與 PA12 粉末進行一定比例的混合後進行雷射燒結，燒結件通常表現出某些性能的提高，如低溫韌性與低的摩擦係數。任乃飛等在混合粉末中加入相容劑，用於增強燒結件兩相的結合程度，並且分析了與雷射能量密度成正比關係的雷射功率/掃描速率（P/v）值對 PA12/HDPE 製件尺寸的影響。隨著 P/v 值的增加，燒結件的翹曲量逐漸增大；當 P/v 值為 0.8%，燒結件的翹曲量為較佳的 $0.4mm$。純的 HDPE

往往燒結後根據其粉末粒徑呈現出不同程度的孔隙結構，與羥基磷灰石 HA 複合後可以作為一種生物活性材料，用於製造人體骨骼或組織工程支架。Hao 等研究了 HA-HDPE 複合粉末材料的形態與成形工藝對燒結件結構與性能的影響。測試結果顯示當複合粉末粒徑在 $0\sim50\mu m$ 與 $0\sim75\mu m$ 時，燒結件的孔隙率在 $69.9\%\sim76.5\%$，並且雷射能量密度越高，成形件的緻密性也越大。

4.2.2　陶瓷基粉末

在日益成長的應用需要下，陶瓷材料因獨有的高熔點、高硬度、高耐磨性以及耐氧化性越來越受人們的青睞，逐漸被應用於一些零部件的製造中。目前，3D 列印所用陶瓷粉末材料主要有 Al_2O_3、SiC、ZrO_2 等，燒結分別有直接燒結法和間接燒結法兩種。

（1）直接燒結法

直接燒結法一般是採用選擇性雷射熔融技術高能雷射束直接逐層燒結材料粉末而得到一定幾何形狀的產品。當雷射功率足夠大時，雷射與粉末產生的相互作用會使粉末黏結在一起，從而不需要藉助有機黏合劑，也不需要再次燒結等後續處理工序。如果用這種方式製備陶瓷結構材料，所得到的陶瓷製品可達到 100% 緻密度，並且具有很好的彎曲強度。這種方法具有生產週期短，能夠生產高純度、高緻密度、高力學性能的工件的優點，但是所得到的製品表面粗糙度較大、尺寸精度較低。在直接法過程中，由於雷射功率較大，會產生較大的溫度梯度，並且陶瓷塑性及抗熱衝擊能力差，直接法製備陶瓷製品的難度遠大於製備金屬及複合材料製品。

研究發現，透過對陶瓷粉末進行預熱，可以減小陶瓷在製造過程中由於熱應力而破裂的機率，同時也可以提高緻密度與強度。但是，由於陶瓷材料熔點高，預熱溫度通常需要高於 $1000℃$，而過高的預熱溫度會產生較大的熔池，導致製品的表面粗糙、精度降低。Hagedorn 等採用選擇性雷射熔融技術製造含氧化鋁-氧化鋯共熔體的工件時，採用散射的二氧化碳雷射器透過逐層預熱將粉末床預熱到 $1700℃$，所得到的工件具有較高的緻密度，當製品高度小於 $3mm$ 時，裂紋較少，但是製品的表面品質卻有所下降。Wilkes 等在製造氧化鋁-氧化鋯工件時，預熱溫度也達到 $1800℃$，雖然製造的陶瓷製品緻密度接近 100% 且強度達到 $538MPa$，但表面品質及精度都較差。直接選擇性雷射燒結/熔融方法雖然簡單，但其包含複雜的物理化學過程，加之陶瓷材料與金屬或複合材料的差異很大，

要實現其在陶瓷製品工業化生產中的應用還需要開展大量的研究。

（2）間接燒結法

間接燒結法的關鍵是將陶瓷粉末與有機黏合劑混合形成預製粉體、懸浮液或漿料，並主要採用鋪粉的方式得到粉層，然後使雷射逐層照射粉末層從而得到一定形狀的坯體。有機黏合劑在雷射照射下熔化而使陶瓷粉末黏結在一起，在隨後的脫脂處理過程中有機黏合劑被去除，從而得到多孔、強度低的生坯。因此，還需將坯體進行後續加工，如燒結、等靜壓、熱壓等方式處理，最終得到具有一定孔隙度、強度的陶瓷產品。

如 Simpson 等人製備的 95/5L-聚乳酸乙交酯和 HA/TCP 複合材料，Tan 等人製備的 PEEK/HA 複合材料，這類生物陶瓷材料由於採用具有生物相容性的樹脂材料和陶瓷材料，免去了後續的高溫排膠燒結步驟，成形出的陶瓷坯體可直接使用。

史玉升等人採用了選擇性雷射燒結工藝製備緻密陶瓷。他們先將陶瓷粉體包裹黏結樹脂，然後逐層鋪粉，使用雷射選區融化包裹在陶瓷顆粒外表面的樹脂，使得粉料黏結，最終得到零件坯料。針對成形後孔隙率高、不緻密的特點，將成形坯體進行冷等靜壓處理，之後高溫排膠燒結得到最終陶瓷成品。所得的 Al_2O_3 陶瓷材料接近完全緻密（92％），且力學性能與傳統製備方法製備的緻密 Al_2O_3 陶瓷材料相當。但是，由於該製備過程需要採用等靜壓，因此一般較難實現中空、特別複雜的形狀的製品成形。

Kolan 等人以丙烯酸酯為低熔點高分子黏合劑，使用選擇性雷射燒結技術製備了孔隙率為 50％的有機玻璃生物陶瓷支架，經後續高溫（675～695℃）燒結後，孔徑分布在 300～800μm。Liu 等人使用羥基磷灰石與矽溶膠的混合漿料，利用低熔點矽溶膠黏結陶瓷粉體，製備了羥基磷灰石生物陶瓷坯體，經 1200℃燒結後得到孔隙率 25％～32％的生物陶瓷材料。值得一提的是，在生物陶瓷材料成形過程中還可以採用具有生物相容性的聚合物作為黏合劑。

4.2.3　金屬基粉末

對於粉末床燒結技術來說，其最終的目標之一是直接利用金屬粉末燒結成形製品。直接利用金屬粉末成形製品，可以實現從原型製造向快速直接製造的轉變，具有廣闊的發展前景。近幾年來，研究人員對其進行了大量的探索，獲得了一些成果。目前，金屬材料的粉末床燒結方法主要包括直接燒結法和間接燒結法兩種。

① 直接燒結法　直接燒結法是指直接使用熱光源燒結金屬粉末成形零件。直接燒結法中使用的金屬粉末一般為單組分金屬粉末和多組分金屬粉末，主要採用的成形方式為選擇性雷射熔融或電子束熔融。

對於單組分金屬粉末，利用熱源將金屬粉末加熱到稍低於熔點，使金屬粉末之間的接觸區域發生黏結。但使用該技術成形的製品會出現很明顯的球化和聚集現象，該現象會導致燒結得到的製品變形，甚至會出現組織結構多孔，最終製品的密度低，力學性能差。目前，該方法主要用於低熔點的金屬，如 Sn、Zn、Pb、Fe、Ni。對於高熔點金屬其所要求的成形條件比較苛刻——高雷射束功率、保護氣環境。

② 間接燒結法　間接燒結法一般採用選擇性雷射燒結成形方式，其中的金屬粉末實際是金屬材料與有機黏合劑按一定的比例均勻混合的混合體，再透過雷射束對粉末進行燒結。由於有機材料的紅外光吸收率高、熔點低，因而雷射燒結過程中，有機黏合劑先熔化，將金屬顆粒黏結起來。燒結後的零件密度低，強度也不高，需要進一步後處理才能得到所要求的功能件。有機黏合劑與金屬粉末的混合方法有以下兩種：一是金屬與有機樹脂的混合粉末，製備簡單，但其燒結性能差；二是利用有機樹脂包覆金屬材料製得的覆膜金屬粉末，這種粉末的製備工藝複雜，但燒結性能好，且所含有的樹脂比例較小，更有利於後處理。

目前用於選擇性雷射熔融和電子束熔融的金屬粉末見表 4-7 和表 4-8。

表 4-7　典型的選擇性雷射熔融用金屬粉末

材料	特性	應用/行業
鈦	耐腐蝕，生物相容性好，熱膨脹係數低，強度高，密度低	可應用於醫療、航空航太、汽車、航海、珠寶和設計等
不鏽鋼	硬度高，耐磨損，耐腐蝕，延展性好	應用於汽車工業、模具製造、海事、醫療、機械工程中
鋁	良好的合金化性能，良好的加工性和導電性，低的材料密度和輕金屬	適用於航空航太工程、汽車工業、原型建築等領域，尤其是複雜幾何形狀的薄壁部件
鈷、鉻	生物相容性好，硬度非常高，耐腐蝕，強度高，延展性好	可用於醫療和牙科、高溫領域，如噴氣發動機
鎳基合金	良好的可焊性，可淬透性，耐腐蝕性，優異的機械強度	可用於航太工程、高溫領域、模具製造

表 4-8　典型的電子束熔融金屬粉末

材料	特性	應用/行業
鈦	強度高，重量輕，生物相容性好，耐腐蝕	直接製造賽車和航空航太工業，海洋和化學工業以及整形外科植入物和假體的原型
鈷、鉻	強度高，耐磨損，生物相容，耐高溫	廣泛用於骨科、航空航太、發電和牙科領域

（1）鈦基合金

鈦基合金具有比強度高、耐腐蝕性好、耐熱性高和良好的生物活性等特點，近年來被廣泛應用於航空航太、生物醫學、船舶汽車、冶金化工等領域。雷射積層製造鈦合金具有加工週期短、製造成本低、高柔性化等優點，且成形件具有比鍛件更高的強度，在相關領域受到越來越高的重視，甚至在某些國防領域得到應用，所以雷射積層製造高性能鈦合金的研究有其獨特的發展前景和重要意義。

2001 年美國 AeroMet 公司採用積層製造技術為波音公司艦載聯合殲擊機試製鈦合金次承力結構件，如航空翼根吊環，尺寸為 0.9m×0.3m×0.15m，見圖 4-22，該構件獲準了航空應用。2012 年，西北工業大學採用積層製造技術生產了大飛機 C919 中央翼緣條，是積層製造技術在航空領域應用的典型，該中央翼緣條長達 3m，如圖 4-23 所示。

圖 4-22　F/A-18E/F 航空翼根吊環　　圖 4-23　C919 飛機鈦合金中央翼緣條

國外對鈦基合金選擇性雷射熔融成形展開了大量研究。李吉帥等以 Ti-6Al-4V 為實驗原料，從成形樣品的表面形貌、緻密度、組織結構、硬度等方面探究了影響選擇性雷射熔融成形品質的主要因素。研究得出 Ti-6Al-4V 合金選擇性雷射熔融的優選工藝參數，在此工藝參數下可得到品質較為優良的成形零件。李學偉等使用自製金屬粉末成形機，在不同雷射工藝參數下制樣，測量硬度與緻密度，分析試樣的成形品質。實驗結

果顯示 TC4 合金選擇性雷射熔融成形品質與雷射密度不呈線性關係。Yadroitsev 等利用 CCD 相機光學監控系統觀測到增加雷射功率、延長雷射輻照時間均會提高熔池的最高溫度、幾何寬度和深度。

此外，近年來學者將熱等靜壓技術（hot isostatic pressing，HIP）與選擇性雷射熔融技術配套使用，有效降低成形件的孔隙率。研究顯示，透過熱等靜壓處理，能夠將孔隙率從沉積態的 0.501％降低為 0.012％，並能改善合金性能。

Safdar 等試驗顯示電子束熔融技術製備的 Ti-6Al-4V 的粗糙度 Ra 值隨成形件高度和光斑直徑增加而增加，隨掃描速度和焦點補償的減小而減小。Karlsson 等採用電子束熔融技術製備的 Ti-6Al-4V 成形件側面附著有更多的未熔顆粒，頂面由於重熔效應而相對光滑。

開發新型鈦基合金是鈦合金積層製造應用研究的主要方向。由於鈦以及鈦合金的應變硬化指數低（近似為 0.15），抗塑性剪切變形能力和耐磨性差，因而限制了其製件在高溫和腐蝕磨損條件下的使用。錸（Re）的熔點很高，一般用於超高溫和強熱震工作環境，如美國 Ultramet 公司採用金屬有機化學氣相沉積法（MOCVD）製備錸基複合噴管已經成功應用於航空發動機燃燒室，工作溫度可達 2200℃。Re-Ti 合金的製備在航空航太、核能源和電子領域具有重大意義。鎳（Ni）具有磁性和良好的可塑性，因此 Ni-Ti 合金是常用的一種形狀記憶合金。Ni-Ti 合金具有偽彈性、高彈性模量、阻尼特性、生物相容性和耐腐蝕性等性能。Habijan 等採用選擇性雷射熔融技術製造了多孔 Ni-Ti 形狀記憶合金，用於運載人體間充質幹細胞，以促進骨缺陷再生。實驗研究發現，在不同孔隙率 Ni-Ti 試樣上培育該細胞 8 天後，細胞仍然保持生物活性。

另外，鈦合金多孔結構人造骨的研究日益增多，日本京都大學透過 3D 列印技術給 4 位頸椎間盤突出患者製作出不同的人造骨並成功移植，該人造骨即為 Ni-Ti 合金。

（2）鐵基合金

鐵基合金是工程技術中用量最大、最重要的金屬材料，因此鐵基粉末的選擇性雷射熔融技術是研究最深入、最廣泛的合金類型。

李瑞迪等採用不同的工藝參數（雷射功率、掃描速度、掃描間隔、鋪粉層厚）對 304L 不鏽鋼粉末進行了選擇性雷射熔融成形實驗，對成形件的密度和微觀組織進行了分析。實驗結果顯示：高的雷射功率、低的掃描速度、窄的掃描間隔和小的鋪粉層厚有利於成形件的緻密化。

華中科技大學王黎以 316L 不鏽鋼（AISI316L）粉末為實驗原料，以自製 HRPM-Ⅱ設備（圖 4-24）為實驗平臺對選擇性雷射熔融成形零件

的表面粗糙度、尺寸精度、緻密度、力學性能進行了實驗研究，並對選擇性雷射熔融技術成形模具的初步應用進行了研究，為選擇性雷射熔融成形零件的工程應用奠定了基礎。HRPM-Ⅱ設備參數如表4-9所示。

圖 4-24　HRPM-Ⅱ設備

表 4-9　HRPM-Ⅱ設備參數

型號	HRPM-Ⅱ
成形空間($L \times W \times H$)/mm	$320 \times 320 \times 440$
雷射器功率與類型	100W 連續模式光纖雷射器
雷射掃描方式	二維振鏡聚焦
雷射最小光斑直徑/mm	0.03
雷射最大掃描速度/(m/s)	5
成形速度/(mm^3/h)	≥7000
金屬粉末鋪粉層厚/μm	50～100
送粉方式	雙缸漏粉

（3）鋁基合金

鋁是地球上儲存量僅次於鐵的第2大金屬元素，純鋁的密度小，只有鐵密度的1/3，熔點低，且鋁是面心立方結構，因此它的可塑性強，可以根據需要製成多種形狀的材料，同時鋁合金的抗腐蝕性能、導熱導電性能和強度較好。鋁及鋁合金的特點為其廣泛應用奠定了基礎。現如今，鋁合金是工業材料中使用最廣泛的有色金屬之一，並在航空航太、汽車、船舶、機械製造等方面得到大規模使用。

目前市場上可供選用進行積層製造的鋁合金粉末有：AlSi10Mg、AlSi12、6061、7050 和 7075。在合金中的 Al、Si 和 Mg 等金屬元素在鑄造過程中可組合形成共晶化合物使得材料的力學性能提高，並且製造成本也有所降低。同時鋁合金液相線與固相線之間的溫差範圍很小，更利於雷射加工。但是要得到性能優良的鋁合金選擇性雷射熔融 3D 列印製件，有如下難點：鋁合金容易氧化，需要嚴格的保護氣環境；鋁合金對雷射有高反射性，自身也有高導熱性，採用高功率雷射快速掃描可一定程度上緩解這個問題；相對於不鏽鋼、鈷鉻合金等金屬，鋁合金粉末密度低，自重比小，造成鋪粉時的初裝密度低；在選擇性雷射熔融高能束雷射掃描時容易衝擊鬆堆粉末，影響成形緻密度。

在 Kempen 等的試驗中，改變粉末形狀、粒徑大小和成分配比對成形品質有很大的影響，同時可以透過優化工藝參數來獲得更加緻密的成形製件與較好的製件表面粗糙度。李亞麗等利用模型分析了鋁合金在雷射積層製造過程中的溫度場的變化情況，得出了雷射功率和掃描速率對熔池尺寸大小的影響規律，同時模擬得出雷射功率對熔池冷卻速度影響很小，而掃描速度對其影響較大，但在層厚增加時，熔池在垂直於基體表面方向的溫度梯度則與上述規律相反。Simchi 等在研究 Al-7Si-0.3Mg 成形過程中加入增強顆粒 SiC，結果顯示當 SiC 顆粒體積分數較低時，製件成形時的緻密化速率符合一階動力學公式並且速率常數有所增加，但當 SiC 顆粒體積分數超過 5％時，速率常數急遽降低。同時在加入增強顆粒 SiC 後，熔體成形軌跡更加穩定，可以獲得連續的成形介面。

AlSi12 也是常使用的合金粉末，Shafaqat Siddique 等利用 AlSi12 合金進行雷射積層製造研究，試驗結果顯示裂紋生長行為和疲勞行為可以對透過基板預熱進行有效控制。康南等使用共晶 AlSi12 與純 Si 粉末的混合物進行雷射積層製造，結果發現 Si 相的尺寸和形態受到雷射功率的影響，雷射功率過高時鋁會在重熔過程中嚴重蒸發。

德國阿亨工業大學的 Buch-binder D 等採用高功率雷射成形了緻密度達 99.5％、抗拉強度達 400MPa 的鋁合金零件。英國利物浦大學的 Elefterios 等對 SLM 成形鋁合金過程中氧化鋁薄膜產生的機理進行了分析，其中重點說明了氧化鋁薄膜對熔池與熔池層間潤濕特性的影響規律。

中國張冬雲等學者認為不同的鋁合金粉末具有不同的加工閾值，為獲得完全緻密的鋁合金零件提供了可能；同時分析了鋁合金選擇性雷射熔融製造中鋪粉性能和表面性能差的原因。白培康等人認為選擇性雷射熔融製造鋁合金產生的結晶球化現象是因為鋁合金對光的反射性較強造

成的。綜上所述，國外在選擇性雷射熔融成形鋁合金中的氧化、殘餘應力、孔隙缺陷及緻密度等問題上有一定的進展和研究。

（4）鈷鉻合金

鈷鉻合金是鈷、鉻和其他合金材料混合物的金屬合金。鈷鉻合金是1907 年由海恩斯國際公司的創始人 Haynes 首次提出。隨後的工作中，Haynes 將鎢和鉬確定為鈷鉻系統中的強力增強劑，並於 1912 年底獲得這些合金的專利。

鈷鉻合金因為其生物相容性優良、耐疲勞性強、機械強度高以及價格經濟成為中國目前應用最廣的口腔用合金材料之一。鈷鉻合金最早應用於移植醫學，作為製作人工髖關節的材料，其生物相容性良好。近些年來由於鎳、鈹、鋁、釩的毒性逐漸為人們所重視，而不含鎳、鈹等元素的鈷鉻合金以其良好的生物相容性、金瓷結合性及耐腐蝕性成為了目前臨床應用最廣泛的非貴金屬烤瓷合金。然而口腔修復體的傳統熔模鑄造加工方法已無法滿足醫生和患者們對於實現快速化、個性化口腔修復治療的要求。粉末床熔融積層製造作為一種新型金屬加工技術能夠克服傳統技術存在的不足，明顯提高口腔修復體的製作效率及品質。

許建波等系統研究了選擇性雷射熔融及熱處理工藝對鈷鉻合金組織與性能的影響。透過設計正交實驗，利用 EOS M290 選區雷射熔化設備，優化鈷鉻合金成形的工藝參數，並對鈷鉻合金的顯微組織結構、物相組成及力學性能進行觀察與測試。實驗得出了最佳工藝參數，在最佳工藝參數下緻密度可達到 99.18%。

李小宇等研究對比 3D 列印和鑄造鈷鉻合金的耐蝕性及腐蝕對其力學穩定性的影響。採用選擇性雷射熔融技術和傳統鑄造技術共製作鈷鉻合金試件 72 個，根據是否腐蝕採用隨機數位法隨機平均分為 12 組（每組 6個），各組用於不同的測試並進行腐蝕。實驗結果顯示選擇性雷射熔融成形的鈷鉻合金較鑄造鈷鉻合金耐蝕性更優；前者拉伸強度、彎曲強度的穩定性均大於後者，兩者的維氏硬度穩定性相當。

4.3 粉末床熔融成形的影響因素

影響粉末床熔融成形製品品質的因素包括粉末特性和以粉末特性匹配最佳的工藝參數，如雷射功率、掃描速度、掃描間距、鋪粉厚度、掃描路徑等。

4.3.1　工藝參數

（1）掃描能量密度

目前在國外的粉末床熔融成形技術的應用和研究中，所採用的雷射器包括 CO_2 氣體雷射器、Nd-YAG 雷射器、光纖雷射器。對於選擇性雷射熔融成形設備，CO_2 雷射器採用氣體作為工作介質，因此雷射器體積較大，不宜設置在產品化的選擇性雷射熔融成形設備當中。另外 CO_2 的雷射波長較長，為 10640nm，金屬材料對雷射的吸收率與雷射的波長成反比，所以金屬材料對 CO_2 雷射的吸收率較低。Nd-YAG 雷射器能夠產生較小波長（1064nm）的雷射，但其光斑尺寸較大，因此對選擇性雷射熔融成形件的尺寸精度有所限制。光纖雷射器與上述傳統雷射器比較，其體積小、重量輕、方便設備集成、壽命長、輸出穩定、光束品質好，被廣泛認為是適合選擇性雷射熔融製造的新一代雷射器。

粉末床熔融成形技術設備的核心部分是雷射器/電子束，而目前在雷射器選用上，要解決的關鍵問題是如何進一步提高雷射的光束品質和響應速度，在較小光斑的前提下，單位面積內的雷射能量的提高意味著可以達到更高的掃描速度和表面精度，加工效率也會隨之提高。

掃描功率（即雷射功率）是指連續運轉雷射器/電子槍單位時間內的輸出能量，通常以 W 為單位。電子束功率與電子束電流和加壓電壓有關。選擇性雷射熔融設備的最大雷射功率大於選擇性雷射燒結設備的雷射功率。在一定的掃描速度下，雷射功率越大，燒結的溫度越高。

掃描速度是影響雷射作用於材料的時間因素。在一定的雷射功率和雷射光斑直徑下掃描速度低，燒結時間長，燒結的溫度相對較高，一般會不同程度地促進燒結。但是過慢的燒結速度必然導致溫升過高，使燒結材料發生根本上改變，影響到燒結體的緻密性。相反燒結速度過快，會導致燒結溫度梯度增大，溫升不均勻，不利於黏性流動和顆粒重排，同樣影響燒結成形品質。因此在燒結過程中與雷射功率一樣，掃描速度對燒結溫度影響較大。

掃描能量密度由掃描功率和掃描速度共同決定。掃描能量密度是影響粉末床熔融成形的關鍵工藝參數，直接關係到能否成形，並影響成形件的緻密度和機械強度。在一定掃描速度下，適當增大輸入功率即增大了單位掃描區域內的雷射能量密度，從而熔化更多的粉末和上一層的粉末表面，獲得更大的熔池深度和熔池寬度。另外，更高的輸入能量密度使得液相粉末的黏度降低，熔池液相粉末更加容易鋪展，這些都有助於降低熔池液相與固相的接觸角，從而抑制球化效應的產生。在一定輸入

功率下掃描速度的減小也會使單位掃描區域內的雷射能量密度增大，從而加大熔池深度和熔池寬度，降低熔池液相粉末的表面張力。

雷射束／電子束對粉末材料的燒結溫度主要取決於兩個因素：掃描束的掃描速度以及掃描器的輸出功率，兩者的匹配關係至關重要。對工藝參數進行優化找到最佳的工藝參數以提高零件精度，並從硬體和軟體兩方面對工藝參數進行補償，這是快速成形技術的發展方向。

（2）掃描間距

掃描間距是指相鄰燒結線的中軸線間的距離。掃描間距的變化影響雷射能量在粉層表面的分布，能量分布的變化影響燒結件的品質。掃描間距對燒結成形的影響可用重疊係數來表示。當重疊係數小於零時，雷射束彼此分離，雷射能量分布存在間隔，兩條掃描線之間必存在未燒結的粉末，這樣燒結線之間各自獨立，不能互相黏連和形成燒結面。只有當重疊係數大於零時，燒結線之間才能連成面片，但重疊量較小時，雷射總能量分布還不均勻，呈現波峰和波谷，兩條掃描線之間仍存在部分未燒結的粉末，燒結線之間的黏結介面較小，燒結層之間存在未熔化粉末，燒結強度與零件緻密度均受到影響；只有當重疊係數大於一定值時，相鄰雷射束的能量重疊後，總能量分布基本均勻，燒結線之間不存在未熔化的粉末，這樣燒結線之間才能形成牢固的黏結。但在實際加工中，為保證加工層面之間和燒結線之間的牢固黏結，常採用重疊係數大的掃描間距，這樣可以提高成形面片的平整度和燒結體的緻密度。重疊係數的增大雖對燒結件表面品質以及力學性能均有明顯提高，但也有不利影響，增大重疊係數會降低生產率，同時會引起燒結成形件的翹曲變形，甚至開裂。

因此，掃描間距的選擇應同時兼顧燒結件的精度、力學性能和成形效率等要求。綜合以上因素及實際檢驗，當燒結材料、雷射波長、掃描系統確定後，吸收率為定值，掃描間距可透過選擇合適的雷射束模式、合理的光路系統以及良好的聚焦透鏡控制為常數。

（3）燒結深度

在選擇性雷射燒結工藝中，鋪粉厚度並非完全均勻，燒結深度隨著鋪粉厚度的變化而變化，就要求在雷射燒結中對鋪粉厚度進行實時測量，並以測量值作為回饋值來控制掃描系統（掃描速度和雷射功率）。但實際燒結深度是雷射束和材料在某段時間內相互作用的結果，雷射功率的波動、材料熱力學性能的變化都能導致燒結深度的變化，根本無法預先精確確定。並且層厚變化微小，對鋪粉厚度進行實際測量是不現實且不必要的。理想的燒結深度，既要完成粉末的單層燒結，又要實現層與層間

的搭接；既要考慮緻密燒結，又要防止過燒。從理論上講，燒結深度應大於鋪粉層厚。

（4）鋪粉層厚

在確定雷射功率等參數後，需確定鋪粉層厚。當鋪粉厚度過低時，雷射作用於金屬粉末的過程中，粉末量較少導致熔池鋪展不均勻，進而使掃描線表面產生孔隙及掃描線不連續等現象；當鋪粉厚度過大，雷射作用於金屬粉末的熔池深度有限，不能熔化全部粉末，底部的金屬粉末不能和基板充分冶金結合，因此成形品質偏低，甚至會由於因與基板黏連不牢而列印失敗。最佳鋪粉厚度要在綜合考慮粉材的性能、顆粒度、成形品質及加工效率的基礎上確定。

（5）掃描路徑

在粉末床熔融成形技術中，零件是靠雷射束或電子束逐層掃描粉末材料固化成形的。在由點到線、由線到面、由二維到三維的逐層積累過程中，掃描系統要做大量的掃描工作，合理規劃掃描路徑對提高燒結成形效率具有重要意義。另外，成形過程中的收縮、翹曲變形等嚴重影響成形件的形狀和尺寸精度。因此，如何盡可能減小成形過程中的變形，也是規劃掃描路徑過程中必須考慮的問題。

目前，國外生產的選擇性雷射燒結快速成形系統幾乎都採用三維振鏡掃描動態聚焦系統，它用兩個偏振鏡來控制掃描線的掃描位置。與掃描路徑密切相關的參數如下。

① 掃描矢量　雷射在工作場中掃描的小段直線。此過程中振鏡偏振，雷射開啟。

② 空跳矢量　兩個掃描矢量間不需燒結時必須有一個空跳。此過程中振鏡偏振，雷射關閉。

③ 雷射開關延時　產生雷射的電脈衝對指令的時間延時，其大小與掃描速度相關聯。雷射開關延時在每個掃描矢量中都存在，不論該矢量的起始點是否有抬筆或落筆指令。

④ 空跳延時　通常在空跳矢量的末端，延時一般較大。

⑤ 筆掃描延時　把一系列可首位相連的掃描矢量稱為一筆。筆掃描延時是指掃描一筆的矢量後，在掃描下一筆矢量或空跳矢量開始之前的一段時間。一個合理的掃描路徑應當能儘量減少空跳矢量和雷射器的啟停次數。

在積層製造（Additive Manufacturing）眾多工藝參數中，掃描路徑的研究一直是個焦點問題。快速成形工藝的掃描填充方式主要分為三大

類：平行線掃描方式、折線掃描方式和複合掃描方式。平行線掃描方式
和折線掃描方式為基礎掃描方式。

① 平行線掃描方式

a. 光柵式掃描方式。光柵式掃描方式中雷射光斑沿 X 軸或者 Y 軸平
行往復掃描，如圖 4-25 所示，這種掃描方式最常見。每一臺選擇性雷射
熔融設備中都有此種掃描路徑可供選擇。其優點在於簡單，易於實現；
其缺點在於每加工層上的掃描方向相同，同一方向上的掃描意味著整個
加工層上的收縮方向一致，成形零件容易產生翹曲變形，收縮方向的一
致性也將導致成形件強度各向異性，當加工有內部型腔的零件時，雷射
器需要頻繁開關，縮短雷射器的使用壽命，降低整個選擇性雷射熔融成
形設備的加工效率。

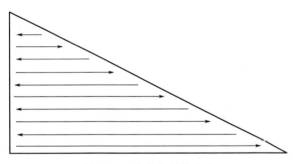

圖 4-25　光柵式掃描方式

b. 分區掃描方式。分區掃描是為了規避掃描線過長的一些缺點而提
出的。該掃描方式將切片輪廓劃分成很多個子區域，在各個子區域中分
別採用光柵式的掃描方式填充，如圖 4-26 所示。分區掃描方式可以明顯
減少雷射跨越截面內部型腔的空行程，該掃描方式方便快捷，是目前選

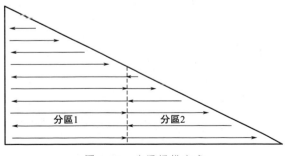

圖 4-26　分區掃描方式

擇性雷射熔融成形工藝中最常使用的一種掃描填充方式。但是這種掃描方式由於分區較多，容易在各分區間的搭接處形成拼接縫，如果處理不好拼接問題，將使成形件的強度變低。一旦各分區間的拼接難題被克服，該掃描方式將會在更大程度上被應用。

　　除此之外，還有星形發散掃描。星形發散掃描方式是將切片輪廓從中心劃分成兩部分，先後從中心向外利用 45°斜線，或平行於 X 軸或 Y 軸掃描線填充劃分出的兩個部分。這種方式雖然在一定程度上能減小加工件翹曲變形，但也具有平行線填充的固有缺陷，對於不規則切片形狀的演算法也比較複雜。

　　② 折線掃描方式

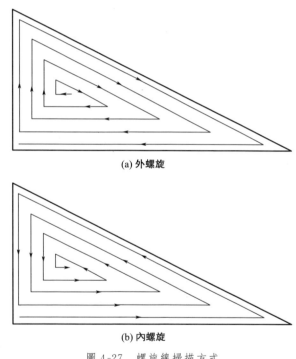

(a) 外螺旋

(b) 內螺旋

圖 4-27　螺旋線掃描方式

a. 螺旋線掃描方式。按照螺旋線和切片形狀生成掃描路徑，螺旋線掃描方式遵循加工成形時熱傳遞變化規律，可克服平行線掃描方式導致的成形件內部組織形態各向異性的缺點。螺旋線掃描方式又可以根據不同的掃描方向，分為內螺旋掃描方式和外螺旋掃描方式，如圖 4-27 所示。其優點在於：遵循熱傳遞變化規律，採用螺旋線掃描填充方式，雷射輻射產生的能量均勻分布在成形件上，溫度場比較均勻，因此削弱了加工過

程中產生的應力以及冷卻過程中產生的殘餘應力，減小零件的翹曲變形，提高成形件的成形精度和強度。其缺點在於：和光柵式掃描方式一樣，對於有內部型腔的截面，雷射需要頻繁跨越型腔。

　　b. 輪廓偏移掃描方式。輪廓偏移掃描方式指沿著平行於輪廓邊界的等距線形成的掃描鏈逐條掃描加工，即掃描線為輪廓的等距線，如圖 4-28 所示。其優點在於：因為在連續不斷的掃描中掃描線不斷地改變方向，使得由於膨脹和收縮而引起的應力分散，利於加工過程的進行；雷射不會產生空行程，不需要頻繁啓停雷射器，延長了雷射器的使用壽命，提高了設備的加工效率。其缺點在於：對於輪廓形狀很不規則的加工層，對內外輪廓的偏移很容易產生自相交、孤島和環相交等很難處理的現象。另外偏移演算法容易遺留未被填充的區域，影響成形件的強度。複雜的輪廓偏移演算法導致生成掃描線的時間週期較長，影響加工速度。

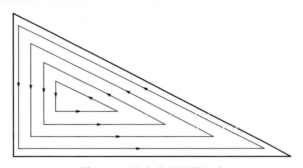

圖 4-28　輪廓偏移掃描方式

　　c. 分型掃描方式。分型掃描路徑具有全局和局部相似性，把加工平面看成是分型的集合，區別於平行線掃描中將加工面看成是線的集合。分型掃描過程中，溫度場分布均勻，減小了產生翹曲變形的可能。但是該掃描方式效率低、振鏡需要頻繁加減速、精度不高，當加工件有內部型腔時，該掃描方式也有頻繁跨越型腔的缺點。

　　隨著快速成形工藝技術的不斷發展，基礎掃描方式已不能滿足選擇性雷射熔融技術的要求，綜合考慮平行線掃描方式和折線掃描方式的優缺點而提出的複合掃描方式正被廣泛地應用於選擇性雷射熔融工藝中。

　　③ 複合掃描方式

　　a. 輪廓環分區掃描方式。綜合輪廓偏移掃描精確度高且符合熱傳導規律和分區掃描具有高效穩定的優點，提出了基於輪廓環掃描和分區掃描相結合的輪廓環分區掃描方式。該填充方式將複雜的截面形狀分割成

一個個形狀規則的子區域，便於子區域採用輪廓偏移的掃描方式填充。該掃描方式既有效避開了輪廓偏移掃描複雜的環相交處理問題，又避免了分區變向掃描精度與易產生翹曲變形的問題，是當前掃描研究中一種較好的掃描策略。

b. 組合掃描方式。當加工某一截面時，先將該截面形狀分成一個個的子區域。在各子區域中分別採用不同的基本掃描填充方式，然後各子區域按照一定的順序逐個進行掃描加工。組合掃描方式通常採用遺傳演算法來獲得各子區域的填充順序和填充所採用的基本掃描方式。透過這一演算法搜尋最佳解的基本掃描方式的排列組合，以此在選擇性雷射熔融加工實踐中能獲得最均勻的溫度場，減小加工件翹曲變形的可能性。組合掃描方式的具體實現方式如圖 4-29 所示。

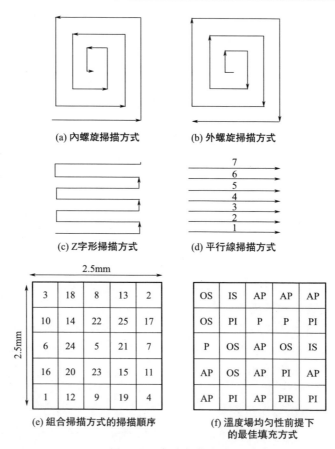

(a) 內螺旋掃描方式   (b) 外螺旋掃描方式

(c) Z字形掃描方式   (d) 平行線掃描方式

(e) 組合掃描方式的掃描順序   (f) 溫度場均勻性前提下的最佳填充方式

圖 4-29　組合掃描方式

　　德國 EOS 公司的選擇性雷射熔融成形設備將一種叫 chessrotlx 的複合掃描填充方式實際應用於加工實踐中，並取得了良好的加工效果。首先所有區域劃分成若干個掃描子區域，相鄰子區域之間的掃描線相互垂直。子區域的填充順序為相同掃描方向的一起填充，待一種掃描方向的填充線掃描完成後再進行下一種掃描方向的填充。各子掃描區域之間的掃描區域有一定的搭接，間隙最後掃描。這種掃描方式有利於在大型選擇性雷射熔融成形件的成形過程中形成均勻的溫度場，有效減少加工過程產生的熱應力，利於加工成形，提高力學性能。

4.3.2　粉末特性

(1) 粉末粒度及分布

　　粉末粒度對粉末床熔融積層製造成形有著直接的影響，是雷射選擇性燒結過程中最重要的影響因素之一。不同類型的粉末，粒度範圍 $1 \sim 40 \mu m$。在一定範圍內，粒度越小，越利於粉末的直接熔融成形。小粒度的粉末易於均勻成形，且增大了比表面積，在成形過程中易於熔融，即在較小的雷射能量密度下就能實現熔融，從而減弱了球化效應。但是在選擇成形金屬粉末材料時，也要綜合考慮粉末粒度的大小，因為粉末粒度太小的話在鋪粉過程當中會發生黏在鋪粉輥上的現象，這樣成形過程中不易鋪粉，就會造成鋪粉不均勻，有的區域粉層厚，有的區域粉層較薄，從而導致選擇性雷射熔融製件的內部結構不均勻。

　　粉末的粒度與燒結層的厚度直接相關。粉末粒度小，則粉末層均勻，密度高，從而得到較好品質的工件。但是並不是粉末粒度越小越好，當粉末粒度小於 $1 \mu m$ 時，粉末的形狀很難控制，並且由於各微粒之間相互作用，粉末顆粒之間互相吸引團聚，使粉末的流動性變差，加大了鋪粉的難度或使噴粉時出粉不均勻，從而降低了粉末層的均勻性與密度，使最終製得的產品品質大幅度下降。粉末的粒度大小還直接影響粉層厚度，粉層厚度至少要大於兩倍以上的粉末顆粒直徑，否則不可能鋪出均勻密實的粉層。

　　粉末粒度分布會影響到粉末的鬆堆密度。提高粉末鬆堆密度有利於燒結過程中的緻密化，使燒結體的密度和強度提高。提高粉末流動性和粉末密度最有效的方法就是優化粉末粒度分布，將各組分金屬粉末粒度按高斯分布進行匹配，並使多組分混合粉末整體粒度呈雙峰分布。

　　因此，燒結成形實際使用的金屬粉末並不要求粉末顆粒尺寸一致，而是希望粉末粒度大小不一，按一定的比例進行尺寸匹配。對於球形粉

末顆粒而言，大小粉末顆粒尺寸之間的關係如下：

$$2R^2 = (R+r)^2 \tag{4-2}$$

$$r/R \approx 0.414$$

式中　R——粗粉末顆粒圓球半徑；

　　　r——細粉末顆粒圓球半徑。

從式中可知，小顆粒和大顆粒尺寸並不是固定不變的，但它們之間的比值應保持一個常數，這樣的粉末顆粒尺寸配比有利於燒結成形過程中材料的熔融。

(2) 粉末顆粒形狀

粉末顆粒形狀影響粉末的流動性，粉末流動性的好壞會影響到加工過程的鋪粉是否均勻。粉末的流動性主要受顆粒間的作用力控制，這些作用力受顆粒特徵和環境條件影響。顆粒間的作用力來源於摩擦，摩擦力取決於材料，也取決於顆粒表面接觸的數量。相鄰顆粒間接觸越多，顆粒間摩擦越大，流動性越低。球形顆粒的流動性要好於不規則顆粒，因為兩個球之間的接觸只是一個點，而不規則顆粒間的接觸則為一個真實的面。

研究顯示，粉末的顆粒形狀對選擇性雷射熔融的單道掃描本身沒有影響。徐仁俊對水霧化的不規則 316L 不鏽鋼粉末和氣霧化的球形 316L 不鏽鋼粉末採取同樣的雷射功率和掃描速度分別進行單道掃描實驗，實驗結果顯示兩種 316L 不鏽鋼粉末的單道掃描軌跡無明顯區別，四條掃描線都為連續直線狀，中間無斷裂，且無球化效應的現象。即在雷射能量密度足夠大時，粉末的顆粒形狀不影響 SLM 的單道掃描品質。

雷射掃描前加工粉層若鋪粉不均勻，會導致掃描區域內各部分的金屬熔化量不均，熔池發展不均勻，進而使成形件的組織結構不均勻，即部分區域結構緻密，而另外的區域可能出現縫隙。在單道掃描時不存在鋪粉的影響，但在多層加工中則存在鋪粉狀況影響的問題。

徐仁俊又透過實驗研究粉末的顆粒形狀對 SLM 成形的緻密情況的影響。實驗結果顯示在粒徑相同的情況下發現水霧化的不規則 316L 不鏽鋼粉末成形製件的緻密度在 80% 左右，而氣霧化的球形 316L 不鏽鋼粉末成形製件的緻密度在 90% 以上，即得出結論球形顆粒粉末相對不規則的顆粒粉末更有利於 SLM 製件的緻密化。水霧化與氣霧化的 316L 不鏽鋼粉末的微觀形貌如圖 4-30 所示。

 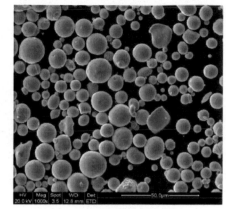

(a) 水霧化　　　　　　　　　　　(b) 氣霧化

圖 4-30　316L 不鏽鋼粉末的微觀形貌

參考文獻

[1]　J-P. Kruth, Mercelis P, Vaerenbergh J V, et al. Binding mechanisms in selectivelaser sintering and selective laser melting[J]. Rapid Prototyping Journal, 2005, 11 (1)：26-36.

[2]　Lee J Y, An J, Chua C K. Fundamentals and applications of 3D printing for novel materials[J]. Applied Materials Today, 2017, 7：120 133.

[3]　Yap C Y, Chua C K, Dong Z L. An effective analytical model of selective laser melting ［J］. Virtual & Physical Prototyping, 2016, 11 (1)：21-26.

[4]　Yap C Y, Chua C K, Dong Z L, et al. Review of selective laser melting: Materials and applications［J］. Applied Physics Reviews, 2015, 2 (4)：518-187.

[5]　Kok Y H, Tan X P, Loh N H, et al. Geometry dependence of microstructure and microhardness for selective electron beammelted Tiâ "6Alâ" 4V parts[J]. Virtual & Physical Prototyping, 2016, 11 (3)：183-191.

[6]　Tan X, Kok Y, Wei Q T, et al. Revealing martensitic transformation and α/β interface evolution in electron beam melting three-dimensional-printed Ti-6Al-4V[J]. Sci Rep, 2016, 6: 26039.

[7]　Krishna B V, Bose S, Bandyopadhyay A. Fabrication of porousNiTi shape memory alloy structures using laser engineered net shaping[J]. Journal of Biomedical Materials Research Part B Applied Biomaterials, 2010, 89B (2)：481-490.

[8]　徐順利. 快速成形的生產工藝及關鍵技術

[J]. 製造業自動化, 2000, 22 (8)：4.

[9] 郭瑞松, 齊海濤, 郭多力, 等. 噴射打印成形用陶瓷墨水製備方法[J]. 無機材料學報, 2001, 16 (6)：1049-1054.

[10] 張劍峰, 沈以赴, 趙劍峰, 等. 激光燒結成形金屬材料及零件的進展. 金屬熱處理, 2001, 26 (12)：1-4.

[11] 王雪瑩. 3D 打印技術與產業的發展及前景分析[J]. 中國高新技術企業, 2012, 26 (55)：3-5.

[12] Kim K B, Kim J H, Kim W C, et al. Evaluation of the marginal and internal gap of metal-ceramic crown fabricated with a selective laser sinteringtechnology: two and three dimensional replica techniques[J]. Journal of Advanced Prosthodontics, 2013, 5 (2)：179-186.

[13] 李鵬, 熊惟皓. 選擇性激光燒結的原理及應用[J]. 材料導報, 2002, 16 (6)：55.

[14] Rosochowski A, Matuszak A. Rapid tooling: the state of the art[J]. Mater Proces Tech, 2000, 106: 191.

[15] 張渤濤, 郝斌海, 盧宵, 等. 選擇性激光燒結技術的特點及在磨具製造中的應用[J]. 鍛壓技術, 2005. (03)：8.

[16] Mazzoli A. Selective laser sintering in biomedical engineering[J]. Medical & biological engineering & computing, 2013, 51 (03)：245-256.

[17] 潘琰峰, 沈以赴, 顧冬冬, 等. 選擇性激光燒結技術的發展現狀[J]. 工具技術, 2004, 38 (6)：3-7.

[18] Lind J E, Kotila J, T Syvänen, et al. Dimensionally Accurate Mold Inserts and Metal Components by Direct Metal Laser Sintering [J]. Mrs Online Proceedings Library Archive, 2000: 625.

[19] 郭洪飛, 高文海, 郝新, 等. 選擇性激光燒結原理及實例應用[J]. 新技術新工藝, 2007 (6)：60-62.

[20] 楊潔, 王慶順, 關鶴. 選擇性激光燒結技術原材料及技術發展研究[J]. 黑龍江科學, 2017, 8 (20)：30-33.

[21] 劉紅光, 楊倩, 劉桂鋒, 等. 國內外 3D 打印快速成形技術的專利情報分析[J]. 情報雜誌, 2013, 32 (6)：40-46.

[22] 宮玉璽, 王慶順, 朱麗娟, 等. 選擇性激光燒結成形設備及原材料的研究現狀[J]. 鑄造, 2017, 66 (3)：258-262.

[23] 楊永強, 王迪, 吳偉輝. 金屬零件選區激光熔化直接成形技術研究進展 (邀請論文)[J]. 中國激光, 2011, 38 (06)：54-64.

[24] 曹冉冉, 李強, 錢波. SLM 快速成形中的支撐結構設計研究[J]. 機械研究與應用, 2015, 28 (03)：69-71.

[25] 楊永強, 劉洋, 宋長輝. 金屬零件 3D 打印技術現狀及研究進展[J]. 機電工程技術, 2013 (4)：1-7.

[26] 楊佳, 郭洪鋼, 譚建波. 選擇性激光熔融技術研究現狀及發展趨勢[J]. 河北工業科技, 2017, 34 (04)：300-305.

[27] 劉強. 選擇性激光熔融設備和工藝研究[D]. 武漢：華中科技大學, 2007.

[28] 黃衛東. 材料 3D 打印技術的研究進展[J]. 新型工業化, 2016, 6 (3)：53-70.

[29] 汪飛, 李克, 曹傳亮, 等. 選擇性激光燒結成形材料研究現狀及展望[J]. 鑄造技術, 2017 (6)：1258-1262.

[30] 史玉升, 閆春澤, 魏青松. 選擇性激光燒結 3D 打印用高分子複合材料[J]. 中國科學, 2015 (45)：204-211.

[31] 余冬梅, 方奧, 張建斌. 3D 打印材料[J]. 金屬世界, 2014 (5)：6-13.

[32] 何敏, 烏日開西·艾依提. 選擇性激光燒結技術在醫學上的應用[J]. 鑄造技術, 2015, 36 (7)：1756-1759.

[33] 李振華, 王桂華. 3D 打印技術在醫學中的應用研究進展[J]. 實用醫學雜誌, 2015 (31)：1203-1205.

[34] 何岷洪, 宋坤, 莫宏斌. 3D 打印光敏樹脂

的研究進展[J]. 功能高分子學報, 2015 (3): 102-108.

[35] 王小萍, 程炳坤, 賈德民. 選擇性激光燒結用聚合物粉末材料的研究進展[J]. 合成材料老化與應用, 2016, 45 (3): 108-113.

[36] Yan C, Shi Y, Hao L. Investigation into the differences in the selective laser sintering between amorphous and semi-crystalline polymers[J]. International polymer processing, 2011, 26 (4): 416-423.

[37] HO HC H, GIBSONI, CHEUNG W L. Effects of energy density on morphology and properties of selective laser sintered polycarbonate [J]. J. Mater. Process. Technol., 1999, 89-90: 204-210.

[38] HO HC H, CHEUNG W L, GIBSONI. Morphology and properties of selective laser sintered bisphenol-A polycarbonate [J]. Ind. Eng. Chem. Res., 2003, (9): 1850-1862.

[39] HO HC H, CHEUNG W L, GIBSONI. Morphology and properties of selective laser sintered bisphenol-A polycarbonate [J]. Ind. Eng. Chem. Res., 2003, (9): 1850-1862.

[40] SHI Y S, CHENJ B, WANG Y, et al. Study of the selective laser sintering of polycarbonate and postprocess for parts reinforcement[J]. Proc. Inst. Mech. Eng. Part L J. Mat. Des. Appl., 2007, 221: 37-42.

[41] 汪艷, 史玉升, 黃樹槐. 聚碳酸酯粉末的選擇性激光燒結成形[J]. 工程塑料應用, 2006 (34): 34-36.

[42] 汪艷. 後處理工藝對聚碳酸酯激光燒結件性能的影響[J]. 中國塑料, 2011 (25): 65-67.

[43] 李志超, 甘鑫鵬, 費國霞, 等. 選擇性激光燒結 3D 打印聚合物及其複合材料的研究進展[J]. 高分子材料科學與工程,

2017, 33 (10): 170-174.

[44] 吳瓊, 陳惠, 巫靜, 等. 選擇性激光燒結用原材料的研究進展[J]. 材料導報, 2015 (S2): 78-83.

[45] ZHENG H, ZHANG J, LUS, et al. Effect of core-shell composite particles on the sintering behavior and properties of nano-Al_2O_3/polystyrene composite prepared by SLS [J]. Mater. Lett., 2006, 60: 1219-1223.

[46] SHI Y S, WANG Y, CHENJ B, et al. Experimental investigation into the selective lasersintering of high-impact polystyrene [J]. J. Appl. Polym. Sci., 2008, 108 (1): 535-540.

[47] 閆春澤, 史玉升, 楊勁松, 等. 高分子材料在選擇性激光燒結中的應用——（Ⅰ）材料研究的進展[J]. 高分子材料科學與工程, 2010, 26 (7): 170-174.

[48] Gentile P, Chiono V, Carmagnola I, et al. An overview of poly (lactic-co-glycolic) acid (PLGA)-based biomaterials for bone tissue engineering [J]. International journal of molecular sciences, 2014, 15 (3): 3640-3659.

[49] Bai J, Goodridge R D, Hague R J M, et al. Processing and characterization of a polylactic acid/nanoclay composite for laser sintering [J]. Polymer Composites, 2015.

[50] Shuai C, Yang B, Peng S, et al. Development of composite porous scaffolds based on poly (lactide-co-glycolide) / nano-hydroxyapatite via selective laser sintering[J]. The International Journal of Advanced Manufacturing Technology, 2013, 69 (1-4): 51-57.

[51] Xia Y, Zhou P, Cheng X, et al. Selective laser sintering fabrication of nano-hydroxyapatite/poly-ε-caprolactone scaffolds for bone tissue engineering appli-

cations[J]. International journal of nano-medicine, 2013, 8: 4197.

[52] Dupin S, Lame O, Barries C, et al. Microstrueturaloriginofphysicaland mechanical properties of polyamide12 processed bylaser sintering [J]. European Polymer Journa, 2012, 48 (9): 1611-1621.

[53] Salmoria G V, Paggi R A, Lago A, el al. Microstructural and mechanical characterization of PA12/MWCNTs nanocomposite manufactured by selective laser sintering [J]. Polymer Testing, 2011, 30 (6): 611-615.

[54] Kenzari S, Bonina D, Dubois J M, et al. Quasicrystal-polymer Composites for Selective Laser Sintering Technology [J]. Materials &. Design, 2012, 35: 691-695.

[55] Prashant K J, Pandey P M, Rao P M. Selective laser sintering of clay-reinforced polyamide[J]. Polym Compos, 2010, 31 (4): 732.

[56] Salmoria G V, Leite J L, Ahrens C H, et al. Rapid manufacturing of PA/HDPE blend specimens by selective laser sintering: microstructural characterization[J]. Polymer Testing, 2007, 26 (3): 361-368.

[57] 任乃飛, 羅艷, 許美玲, 等. 激光能量密度對尼龍 12/HDPE 製品尺寸的影響[J]. 激光技術, 2010, 34 (04): 561-564.

[58] Salmoria G V, Ahrens C H, Klauss P, et al. Rapid manufacturing of polyethylene parts with controlled pore size gradients using selective laser sintering[J]. Materials Research, 2007, 10 (2): 211-214.

[59] Hao L, Savalani M M, Zhang Y, et al. Effects of material morphology and processing conditions on the characteristics of hydroxyapatite and high density polyethy-lene biocomposites by selective laser sintering[J]. Proceedings of the Institution of Mechanical Engineers, Part L: Journal of Materials Design and Applications, 2006, 220 (3): 125-137.

[60] 宋發成, 劉元義, 王橙, 等. 3D 打印技術在陶瓷製造中的應用[J]. 山東理工大學學報（自然科學版）, 2018, 32 (05): 11-16.

[61] Su H J, Zhang J, Liu L, et al. Rapid growth and formation mechanism of ultra-fine structural oxide eutectic ceramics by laser direct forming[J]. Appl Phys Lett, 2011, 99 (22): 221-913.

[62] Su H J, Zhang J, Deng Y F, et al. Growth and characterization of nanostructured $Al_2O_3/YAG/ZrO_2$ hypereutectics with large surfaces under laser rapid solidification[J]. J Cryst Growth, 2010, 312 (24): 36-37.

[63] Hagedorn Y, Balachandran N, Meiners W, et al. Slm of net-shaped high strength ceramics: New opportunities for producing dental restorations [C]//Proceedings of the Solid Freeform Fabrication Symposium. Austin, TX, 2011: 8.

[64] Wilkes J, Hagedorn Y C, Meiners W, et al. Additive manufacturing of $ZrO_2-Al_2O_3$ ceramic components by selective laser melting[J]. Rapid Prototyping J, 2013, 19 (1): 51.

[65] 梁棟, 何汝杰, 方岱寧. 陶瓷材料與結構增材製造技術研究現狀[J]. 現代技術陶瓷, 2017 (4): 231-247.

[66] SIMPSON R L, WIRIA F E, AMIS A A, et al. Development of a 95/5 poly (L-lactide-co-glycolide) /hydroxylapatite and β-tricalcium phosphate scaffold as bone replacement material via selective laser sintering[J]. Journal of Biomedical Materials Research Part B Applied Biomaterials,

2008, 84B: 17-25.

[67] TAN K H, CHUA C K, LEONG K F, et al. Scaffold development using selective laser sintering of polyetheretherketone-hydroxyapatite biocomposite blends[J]. Biomaterials, 2003, 24: 3115-3123.

[68] LIU J, ZHANG B, YAN C, et al. The effect of processing parameters on characteristics of selective laser sintering dental glass-ceramic powder [J]. Rapid Prototyping Journal, 2010, 16: 138-145.

[69] LIU K, SHI Y, LI C, et al. Indirect selective laser sintering of epoxy resin-Al₂O₃ ceramic powders combined with cold isostatic pressing [J]. Ceramics International, 2014, 40: 7099-7106.

[70] KOLAN KCR, MING C L, HILMAS G E, et al. Fabrication of 13-93 bioactive glass scaffolds for bone tissue engineering using indirect selective laser sintering[J]. Biofabrication, 2011, 3: 025004.

[71] LIU F H, SHEN Y K, LEE JL. Selective laser sintering of a hydroxyapatite-silica scaffold on cultured MG63 osteoblasts in vitro[J]. International Journal of Precision Engineering and Manufacturing, 2012, 13: 439-444.

[72] 楊潔, 王慶順, 關鶴. 選擇性激光燒結技術原材料及技術發展研究[J]. 黑龍江科學, 2017, 8 (20): 30-33.

[73] 陳靜, 樣海鷗, 楊建, 等. TC4 鈦合金的激光快速成形特性及熔凝組織[I]. 稀有金屬快報, 2004, 23 (4): 33-37.

[74] 楊建, 黃衛東, 陳靜, 等. TC4 鈦合金激光快速成形力學性能[J]. 航空製造技術, 2007, 13 (5): 73-76.

[75] 張鳳英, 陳靜, 譚華, 等. 鈦合金激光快速成形過程中缺陷形成機理研究[J]. 稀有金屬材料與工程, 2007, 36 (2): 211-215.

[76] 鄧賢輝, 楊治軍. 鈦合金增材製造技術研究現狀及展望[J]. 材料開發與應用, 2014, 29 (5): 113-120.

[77] 李吉帥, 戚文軍, 李亞江, 等. 選區激光熔化工藝參數對 Ti-6Al-4V 成形質量的影響[J]. 材料導報, 2017, 31 (10): 65-69.

[78] 李學偉, 孫福久, 劉錦輝, 等. 選擇性激光快速熔化 TC4 合金成形工藝及性能[J]. 黑龍江科技大學學報, 2016, (5): 536-540.

[79] Yadroitsev I, Krakhmalev P, Yadroitsava I. Selective laser melting of Ti6Al4V alloy for biomedical applications: Temperature monitoring and microstructural evolution [J]. J Alloys Compd, 2014, 583: 404.

[80] Agarwala M, Bourell D, Beaman J, et al. Post-processing of selective laser sintered metal parts[J]. Rapid Prototyping J, 1995, 1 (2): 36.

[81] Kasperovich G, Hausmann J. Improvement of fatigue resistance and ductility of Ti-6Al-4V processed by selective laser melting [J]. J Mater Processing Technol, 2015, 220: 202.

[82] L. E. Murr, S. A. Quinones, S. M. Gaytan, et al. Microstructure and mechanical behavior of Ti-6Al-4V produced by rapid-layer manufacturing, for biomedical applications[J]. Journal of the Mechanical Behavior of Biomedical Materials, 2008, 2 (1): 20.

[83] Facchini L, Magalini E, Robotti P, et al. Ductility of a Ti-6Al-4V alloy produced by selective laser melting of pre-alloyed powders[J]. Rapid Prototyping J, 2010, 16 (6): 450.

[84] Simonelli M, Tse Y Y, Tuck C. Effect of the build orientation on the mechanical properties and fracture modes of SLM Ti-6Al-4V[J]. Mater Sci Eng A, 2014, 616: 1.

[85]　Chlebus E, Kuz'nicka B, Kurzynowski T, et al. Microstructure and mechanical behaviour of Ti-6Al-7Nb alloy produced by selective laser melting[J]. Mater Characterization, 2011, 62 (5)：488.

[86]　Safdar A, et al. Effect of process parameters settings and thickness on surface roughness of EBM produced Ti-6Al-4V[J]. Rapid Prototyping Journal, 2012, 18 (5)：401.

[87]　Karlsson J, Norell M, Ackelid U, et al. Surface oxidation behavior of Ti-6Al-4V manufactured by Electron Beam Melting (EBM) [J]. J Manufacturing Processes, 2015, 17: 120.

[88]　Karlsson J, Snis A, Engqvist H, et al. Characterization and comparison of materials produced by electron beam melting (EBM) of two different Ti-6Al-4Vpowder fractions[J]. J Mater Processing Technol, 2013, 213 (12)：2109.

[89]　Serp S, Feurer R, Kalck P, et al. A new OMCVD iridium precursor for thin film deposition [J]. Chemical Vapor Deposition, 2001, 7 (2)：59-62.

[90]　魏朋義，鍾振剛，桂鐘樓，等．合金成分對含鍊鎳基單晶合金高溫持久及斷裂性能的影響[J]. 材料工程, 1999 (4)：3-6.

[91]　Chlebus E, KuZ'nicka B, Dziedzic R, et al. Titanium alloyed with rhenium by selective laser melting[J]. Materials Science and Engineering：A, 2015, 620: 155-163.

[92]　Bansiddhi A, Sargeant T D, Stupp S I, et al. Porous NiTi for bone implants: a review[J]. Acta Biomaterialia, 2008, 4 (4)：773-782.

[93]　Liu X M, Wu S L, Yeung K W K, et al. Relationship between osseointegration and superelastic biomechanics in porous NiTi scaffolds[J]. Biomaterials, 2011, 32 (2)：330-338.

[94]　Liu Y, Van H J. On the damping behaviour of NiTi shape memory alloy[J]. Journal de Physique IV, 1997, 7 (5)：519-524.

[95]　Es-Souni M, Fischer-Brandies H. Assessing the biocompatibility of NiTi shape memory alloys used for medical applications [J]. Analytical and Bioanalytical Chemistry, 2005, 381 (3)：557-567.

[96]　Bormann T, Müller B, Schinhammer M, et al. Microstructure of selective laser melted nickel-titanium[J]. Materials Characterization, 2014, 94: 189-202.

[97]　Habijan T, Haberland C, Meier H, et al. The biocompatibility of dense and porous Nickel-Titanium produced by selective laser melting[J]. Materials Science & Engineering C, 2013, 33 (1)：419-426.

[98]　Mullen L, Stamp R C, Brooks W K, et al. Selective laser melting: a regular unit cell approach for the manufacture of porous, titanium, bone in-growth constructs, suitable for orthopedic applications [J] . Journal of Biomedical Materials ResearchPart B: Applied Biomaterials, 2009, 89B (2)：325-334.

[99]　李瑞迪，史玉升，劉錦輝，等．304L 不鏽鋼粉末選擇性激光熔融成形的緻密化與組織[J]. 應用激光, 2009, 29 (5)：369-373.

[100]　王黎．選擇性激光熔融成形金屬零件性能研究 [D]．武漢：華中科技大學, 2012.

[101]　董鵬，李忠華，嚴振宇，等．鋁合金激光選區熔化成形技術研究現狀[J]. 應用激光, 2015, 35 (05)：607-611.

[102]　李帥，李崇桂，張群森，等．鋁合金激光增材製造技術研究現狀與展望[J]. 輕工機械, 2017, 35 (3)：98-101.

[103] KEMPEN K, THIJS L, YASA E, et al. Process optimization and microstructural analysis for selective laser melting of AlSi10Mg ［J］. Solid freeform fabrication symposium, 2011, 22: 484-495.

[104] LI Yali, GU Dongdong. Parametric analysis of thermal behavior during selective laser melting additive manufacturing of aluminum alloy powder[J]. Materials and design, 2014, 63 (2)：856-867.

[105] SIMCHI A, GODLINSKI D. Effect of Si C particles on the laser sintering of Al-7Si-0.3Mg alloy［J］. Scriptamaterialia, 2008, 29 (2)：199-202.

[106] SIDDIQUE S, IMRAN M, WALTHER F. Very high cycle fatigue and fatigue crack propagation behavior of selective laser melted Al Si12alloy ［J］. International journal of fatigue, 2016, 94 (2)：246-254.

[107] KANG Nan, CODDET P, LIAO Han lin, et al. Wear behavior and microstructure of hypereutectic Al-Si alloys prepared by selective laser melting[J]. Applied surface science, 2016, 378 (8)：142-149.

[108] BUCHBINDER D, SCHLEIFENBAUM H, HEIDRICH S, et al. High Power Selective Laser Melting (HP SLM) of Aluminum Parts[J]. Physics Procedia, 2011 (12). 271-278.

[109] LOUVIS E, FOX P, SUTCLIFFE C J. Selective laser melting of aluminium components[J]. Journal of Materials Processing Technology, 2011, 211 (2)：275-284.

[110] 張冬雲. 採用區域選擇激光熔化法製造鋁合金模型[J]. 中國激光, 2007, 34 (12)：1700-1704.

[111] 趙官源, 王東東, 白培康, 等. 鋁合金激光快速成形技術研究進展[J]. 熱加工工藝, 2010 (9)：170-173.

[112] 劉治. 激光快速成形鈷鉻合金機械性能及耐腐蝕性研究[D]. 西安: 第四軍醫大學, 2010.

[113] 許波, 張慶茂, 姚錫禹, 等. 選區激光熔化及熱處理工藝對鈷鉻合金力學性能的影響[J]. 強激光與粒子束, 2017, 29 (11)：161-170.

[114] 李小宇, 鄭美華, 王潔琪, 等. 3D 打印和鑄造鈷鉻合金耐蝕性及力學穩定性比較[J]. 中華口腔醫學研究雜誌: 電子版, 2016, 10 (5)：327-332.

[115] 姜煒. 不鏽鋼選擇性激光熔融成形質量影響因素研究[D]. 武漢: 華中科技大學, 2009.

[116] 陳青果, 韋玉堂, 張君彩, 等. SLS 中激光功率與掃描速度匹配的優化設計[J]. 煤礦機械, 2009, 30 (1)：117-119.

[117] 吳桐, 劉邦濤, 劉錦輝. 鎳基高溫合金選擇性激光熔融的工藝參數[J]. 黑龍江科技大學學報, 2015, 25 (4)：361-365.

[118] Boyce B L. The constitutive behavior of laser welds in 304L stainless steel determined by digital image correlation［J］. Metallurgical and Materials Transaetions, 2006, 37 (8)：2481-2492.

[119] Ozgedik A, Cogun C. An experimental investigation of tool wears in electric discharge machining[J]. The International Journal of Advanced Manufacturing Technology, 2006, 27 (6)：488-500.

[120] 李日華, 周惠群, 劉歡. SLS 快速成形系統掃描路徑的優化[J]. 電加工與模具, 2013 (1)：47-51.

[121] 徐仁俊. 基於選擇性激光熔融技術的有限元分析和掃描路徑優化[D]. 重慶: 重慶大學, 2016.

[122] Onuh S O, Hon K K B. Application of the Taguchi method and new hatch styles

for quality improvement in stereolithography[J]. Proceedings of the Institution of Mechanical Engineers, 1998, 212 (Part B)：461-471.

[123]　張人佶，單忠德，隋光華，等．粉末材料的 SLS 工藝激光掃描過程研究[J]．應用激光，1999, 19 (5)：299-302.

[124]　Klotzbach U, Mohanty S, Tutum C C, et al. Cellular scanning strategy for selective laser melting: evolution of optimal grid-based scanning path and parametric approach to thermal homogeneity [C]. The International Society for Optical Engineering. California, USA. 2013：86080M-86080M-13.

[125]　陳鴻，張志鋼，程軍．SLS 快速成形工藝激光掃描路徑策略研究[J]．應用基礎

與工程科學學報，2001, 9 (2-3)：202-207.

[126]　張曼．RP 中掃描路徑的生成與優化研究[D]．西安：西安科技大學，2006.

[127]　齊東旭．分形及其計算機生成[M]．北京：科學出版社，1994.

[128]　劉征宇，賓鴻贊，張小波，等．生長型製造中分形掃描路徑對溫度場的影響[J]．華中理工大學學報，1998, 26 (8)：32-34.

[129]　潘琰峰．316 不鏽鋼金屬粉末的選擇性激光燒結成形研究[D]．南京：南京航空航天大學，2005.

[130]　Vander Schueren B, Kruth J P. Powder deposition in selective metal powder sintering[J]. Rapid Prototyping Journal, 1995, 1 (3)：23-31.

第5章
材料噴射成形技術

　　材料噴射成形技術是指透過選擇性沉積造型材料的微滴實現積層製造的工藝。目前，材料噴射成形技術得到廣泛研究，已突破傳統單材均質列印加工的限制，實現了多材料、多顏色及彩色表面紋理貼圖製件的精細複雜列印成形。

5.1　材料噴射成形技術的基本原理

　　列印技術最常見的應用是在紙上印刷墨水來再現文本和圖像。這種二維列印技術是從 Johannes Gutenberg 在 1440 年左右發明的印刷機開始的。1980 年代後期，市場上出現了快速原型製造，將印刷技術擴展到三維。利用電腦技術，將三維立體物體進行等高度切片處理，得到每一層的二維圖像，再將這些圖像轉化為可執行的像素文件，作為指令輸出給列印設備，列印設備逐層列印二維圖像，層層疊加就可以獲得三維成形物體。在材料噴射成形技術中，材料（類比於二維列印中的「墨水」）會透過噴嘴直接分配，而非黏合劑。噴射成形是一種非接觸式列印過程，成形體的精度由噴嘴直徑控制，一般為 $25\sim75\mu m$。

　　材料噴射成形技術中材料（「墨水」）按溶劑是否揮發分兩種類型。Evans 等人以水和酒精為介質製備陶瓷懸浮液，列印之後，沉積組分中的介質被蒸發去除，剩餘材料形成固化物體。然而，這種固相含量低的組合墨水，在沉積後和進行下一層列印之前需要去除溶劑，使得零件生長速率相對較低。「相變墨水」，指列印後無需等待乾燥的「墨水」，可急速冷卻固化，熱熔印表機便使用這類「墨水」材料。它能夠縮短文件印刷期間的乾燥週期，減小產品帶有汙跡的風險。在這種情況下，每層固化的沉積物通常比乾燥溶劑獲得的沉積物高度更高，沉積物生長速度就會更快。

5.2　液滴的形成機理與分類

　　噴墨列印技術最關鍵的部分是「墨水」及其物理性質，特別是黏度和表面張力。為便於列印，「墨水」黏度通常低於 $20mPa \cdot s$。室溫下的固體材料，為了便於噴射，必須加熱以使其轉變為液相。對於高黏度流體，必須降低流體的黏度才能噴射，常見方法是對流體進行加熱、添加溶劑或其他低黏度組分。除此之外，對於部分聚合物，按需噴墨方式足

以讓聚合物產生剪切變稀。雖然諸如液體密度、表面張力、列印頭或噴嘴設計等其他因素可能會影響微滴的噴射效果，但黏度已成為材料噴射中液滴形成的最大限制。

「墨水」形成液滴的方法有多種，液滴形成過程遵循能量守恆定律，每個液滴噴出所需的能量由驅動器來滿足，包括流體流動損耗、液滴表面能和動能等。由於流體具有黏度，流體在噴嘴中流動時存在內摩擦作用，一部分的流動動能會轉化為熱能損耗掉。表面能損耗是液滴或射流在形成過程中克服自由表面能所需的能量。液滴或射流產生後，還需要具有足夠的動能將液滴從噴嘴推向成形面。

材料噴射成形技術是以傳統二維噴墨列印為基礎發展而來的，按「墨水」形成方式分為連續式（continuous printing，CP 或 continuous ink-jetting，CIJ）和按需式（drop-on-demand，DOD）兩種模式，如圖 5-1 所示。

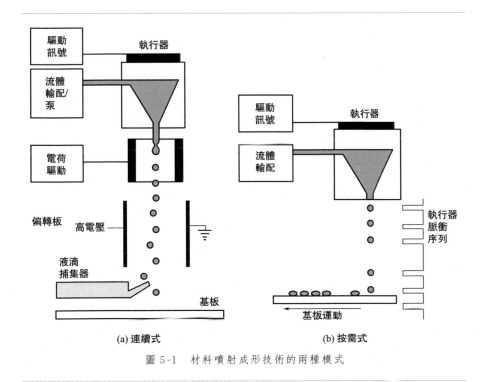

圖 5-1　材料噴射成形技術的兩種模式

（1）連續列印

連續噴墨列印系統如圖 5-1(a) 所示，泵送的「墨水」在噴嘴處形成液體射流，印表機透過在高速射流流體上按預設頻率疊加週期性擾動，導致射流破裂，分解成大小均勻的小液滴。在射流斷裂位置周圍圍遶著

充電電極，噴嘴組件的金屬結構處於低電位。透過改變兩者之間的電壓，液滴被充滿電荷以保證後續準確偏轉。使用高壓偏轉板來改變液滴軌跡使其準確降落用於印刷。與按需噴墨印表機相比，連續噴墨印表機的液滴形成速率更高，因此可以提供更高的沉積速率。

　　預設頻率決定了射流破裂位置和液滴形態。在較低頻率下，射流從噴嘴處幾乎以連續流的形式出現，僅在電極出口處開始分裂。隨著射流調變頻率的增加，斷開點從出口逐漸向電極中心移動，在電極內形成更多的液滴。如圖 5-2(a)，液滴的外形是梨形和對稱的，觀察到的衛星滴落後於母液滴，但當調變頻率增加時這些衛星滴逐漸消失。如圖 5-2(b)所示，頻率增加至適當值，液滴在電極中心處從連續射流脫落。當超過這個頻率時，射流破裂長度沒有明顯變化，分裂點在電極的中點附近幾乎保持不變，但分離液滴的形狀偏離梨形，並且呈現為伸長狀態，相鄰的兩到三滴發生聚集，如圖 5-2(c)。在如此高的頻率下，液滴產生得太快，液滴彼此太過接近。液滴伸長可能是由於滴液所帶電荷具有相同極性，相互排斥的作用。

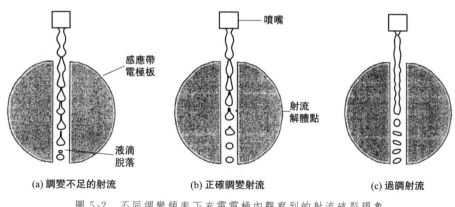

(a) 調變不足的射流　　　　　(b) 正確調變射流　　　　　　(c) 過調射流

圖 5-2　不同調變頻率下充電電極內觀察到的射流破裂現象

　　由於連續式噴射料液應具有導電性，因此物料中需要加入電解液，而電解液的存在會使「墨水」中的固相含量降低。

（2）按需列印

　　按需噴墨具有較小的墨滴尺寸和較高的列印精度。噴射微滴的噴墨頭有幾種類型，包括壓電、熱氣泡、靜電和聲學等方法。其中，壓電和熱氣泡驅動方法是商業噴墨印表機最成熟和最常用的。透過與流體接觸的壓電隔膜的位移或者透過加熱電阻膜而在「墨水」中形成氣泡，產生壓力波並作用於液體上，擠壓噴腔內的液體，當壓力傳至噴嘴處且能克

服液體的表面張力時，便有液滴從噴孔噴出。對於氣泡驅動方法，「墨水」被局部加熱快速膨脹為氣泡以形成噴射墨滴，通常使用水作為溶劑；對於壓電驅動方法，其依賴於一些壓電材料的變形以引起突然的體積變化並因此產生脈衝。從原理上講，按需式壓電噴墨技術適用於各種液體。

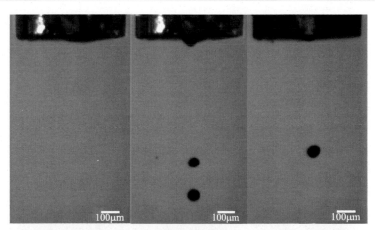

(a) 沒有形成液滴　　(b) 形成初級和衛星液滴　　(c) 僅形成初級液滴

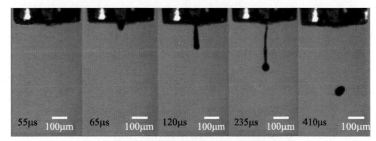

55μs　　65μs　　120μs　　235μs　　410μs

(d) 在不同時間取得的液滴進化的代表性圖像

圖 5-3　三種不同液滴形成過程的代表性圖片

　　按需噴射液滴形成過程取決於壓電套管內給定的壓力波。如圖 5-3 所示，典型液滴形成過程可能導致三種不同的情況。沒有形成液滴，形成初級和衛星液滴，或者僅形成初級液滴。如果壓力波太小，液體彎月面會振盪〔圖 5-3(a)〕，而不是被噴射形成液滴。相反，如果壓力波太大，則大量的流體從分配頭高速噴出，長尾部最終分解成一些衛星液滴，如圖 5-3(b) 所示。理想情況下，應優化壓力波以形成良好的液滴，如圖 5-3(c) 所示，僅形成初級液滴。壓力波幅度的大小受激勵波形的電壓和脈衝時間的影響，透過調整激勵波形可以實現良好的液滴形成，液滴形成過程的一些代表性圖像顯示在圖 5-3(d) 中。

Wu 等人模擬了壓電噴墨列印頭中的液體噴射過程，用壓力波形代替脈衝電壓來進行分析。研究了正負壓振幅對液滴噴射過程的影響，仿真結果顯示，液滴的尾部長度和體積隨正壓幅值和運行週期的增加而增加。當負壓的幅值增大時，液滴的破碎時間較短。

5.3 材料噴射成形材料

5.3.1 聚合物

聚合物已經成為目前商用噴射成形技術中最常用的材料，並且材料噴射列印被認為是聚合物沉積領域中的關鍵技術之一，也是實現彩色 3D 列印的重要手段。

（1）光敏樹脂

聚合物噴射最主要的影響因素是物料的黏度，為避免直接噴射高黏度的聚合物，可選用噴射光敏樹脂為原料，噴射液滴，再用紫外光進行固化。

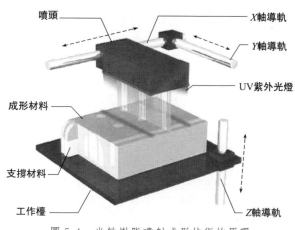

圖 5-4　光敏樹脂噴射成形技術的原理

光敏樹脂噴射成形技術的原理如圖 5-4 所示，印表機根據模型切片數據，透過壓電式噴頭將液態光敏樹脂噴射到工作檯上，形成給定厚度的具有一定幾何輪廓的一層光敏樹脂液體，然後由紫外光對工作檯上的這層液態光敏樹脂進行光照固化。一層完成後繼續噴射和固化下一層，如此反覆，直到整個工件列印製作完成。

　　De Gans 的研究中給出了聚合物噴墨印刷的實例，包括製造多色聚合物發光二極管顯示器、聚合物電子裝置、三維印刷和用於受控藥物釋放的口服劑，提出應變硬化是決定聚合物溶液噴墨適印性的關鍵參數。在 BJD Gans 等人的研究中，他們已經使用了一種能夠列印黏度高達 160cP 的牛頓流體的聚合物印刷應用優化的微量移液管。

　　材料噴射成形技術可在機外混合多種材料，得到性能更為優異的新材料，極大地擴展了該技術在各領域的應用。

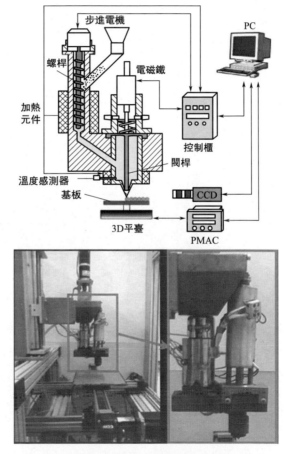

圖 5-5　電磁式按需擠出裝置

（2）高黏度聚合物

　　北京化工大學焦志偉等人開發了一套完整的按需噴射高黏度聚合物的 3D 列印設備（如圖 5-5 和圖 5-6 所示），在高黏度聚合物的液滴形成和

三維堆疊等方面進行了研究。高黏度聚合物噴射成形的過程包括液滴形成和堆疊沉積冷卻兩個階段。以 PP（6820）作為實驗材料，在螺桿轉速、噴嘴直徑、機械衝擊頻率、加熱溫度、噴嘴與平臺間距、霧滴形態及沉積等不同列印參數下進行了研究，獲得了最佳列印參數、聚合物微滴尺寸及精度。

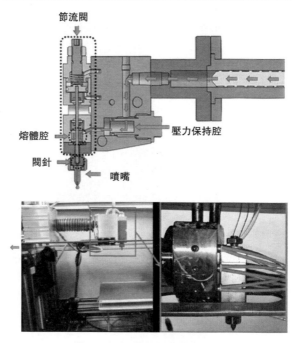

圖 5-6　氣動式按需擠出裝置

① 聚合物熔體成滴機理研究　聚合物熔體是典型的非牛頓流體，黏度受溫度及剪切影響，相比常用於微滴噴射的耗材來說，具有黏度高、需高溫加熱等特點。理想的微滴噴射過程如圖 5-7(a) 所示，其成形過程主要包括 4 個階段：液柱的擠出和伸長、液柱頸縮、液柱剪斷、微滴下落。但在實際成滴過程中，會出現液柱難以斷裂或斷裂成多個不規則液滴的現象。

　　由於聚合物熔體具有較高的黏度，很難以自由滴落的方式實現微滴成形，但可透過被動微滴成形的方式進行處理，即閥針高頻開合，如圖 5-7(b)所示，將熔體擠出過程離散化，同時縮短基板與噴嘴之間的距離，透過基板與熔體間的黏性力抵消掉噴嘴處熔體間的黏性力，實現熔體微滴被動成形。

(a) 微滴自由成形　　　　　　　　　(b) 微滴被動成形

圖 5-7　微滴成形過程示意

　　基於對熔體按需擠出過程及熔體動力學的分析，閥腔內熔體擠出噴嘴過程是背壓驅動的壓差流動和閥針運動產生的剪切流動綜合作用的過程。閥腔背壓值、閥針運動速度、運動距離、閥針直徑與閥腔直徑之比、噴嘴直徑等參數均會對熔體的流動產生影響。隨著閥針運動速度的增加，熔體擠出流量隨之增加；當運動速度為 0m/s 時，除初始處流量微小波動外，保持穩定流動狀態；當閥針離噴嘴較遠時，噴嘴處流量緩慢增加，流量波動平穩；當閥針移動到離噴嘴較近距離時，噴嘴處流量急速增加，直至閥針關閉噴嘴，流量降為 0。當閥針靠近噴嘴時，閥針運動速度越大，對熔體擠出流量的擾動越大。

　　當閥針在最大位置處保持不動時，熔體在閥腔背壓的作用下穩定擠出。如圖 5-8 所示，當針孔距離小於 0.5mm 時，隨著距離的減少，熔體流量減少，而當針孔距離大於 0.5mm 時，熔體流量沒有明顯變化，證明閥針距離噴嘴過近，會對熔體流動產生「阻塞」作用，影響 3D 列印效率。

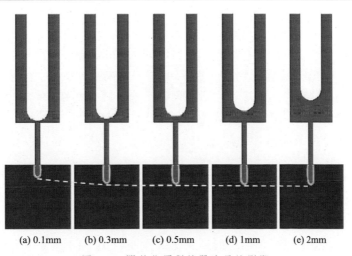

(a) 0.1mm　　　(b) 0.3mm　　　(c) 0.5mm　　　(d) 1mm　　　(e) 2mm

圖 5-8　閥針位置對熔體流量的影響

閥針閥腔直徑比影響閥腔中熔體的拖曳流動。如圖 5-9 所示，隨著閥針閥腔直徑比的增加，在同等運動速度情況下，熔體流量增加，且不符合線性成長規律；當運動速度較低時，閥針閥腔直徑比為 0.25 時，流量波動較小；當閥針閥腔直徑比為 0.75 時，當閥針離噴嘴較近時，流量有下降趨勢，說明閥針直徑大時，對壓差流動有阻塞作用。閥針直徑較小時，對熔體流量影響較小，能夠提高 3D 列印精度。

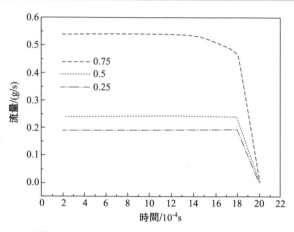

圖 5-9　不同閥針閥腔直徑比流量變化情況

當閥針開啓時，剪切流動和壓差流動方向相反，閥針直徑較小時，可以減少剪切流動對熔體總體流動的影響。熔體流量隨著閥針運動速度與壓差比值的增大而減小，當比值大於 0.5 時，熔體出現倒流現象；因此，為避免倒流現象，應增大閥腔背壓或減少閥針運動速度；隨著閥針的上升，流量逐漸增大，上升至約 0.5mm 時，流量保持平穩。

② 聚合物液滴尺度的實驗調控　在裝置實際運行過程中，除去已設計好的幾何參數等，主要的控制工藝參數包括螺桿轉速 N_{RPM}、閥針運動頻率 Fr_v、閥針移動距離 L_v 以及熔體溫度 T_m 以及可更換的噴嘴直徑 D_n。以電磁式熔體微分 3D 印表機作為實驗平臺，以高熔融指數聚丙烯 PP6820 作為實驗材料，進行微滴尺度調控研究。

實驗的初始設定條件為：噴嘴直徑 0.2mm，螺桿轉速 40r/min，閥針運動頻率 10Hz，閥針運動距離 2mm，熔體溫度 230℃，噴嘴與基板間距離為 0.3mm，運動速度 30mm/s。其微滴尺寸如圖 5-10 所示。可以看出，微滴以近似半球的形態陳列在基板上，因此可透過測量微滴直徑的方式，來檢測工藝參數對微滴尺寸的影響。

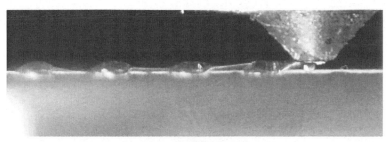

(a) 微滴側視圖

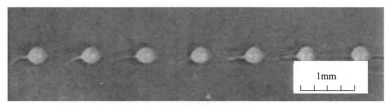

1mm

(b) 微滴俯視圖

圖 5-10　初始設定下的微滴側視圖及俯視圖

a. 噴嘴直徑和螺桿轉速對微滴直徑的影響。

實驗條件：閥針運動頻率 10Hz，閥針運動距離 2mm，加熱溫度 230℃。研究噴嘴直徑分別為 0.2mm、0.5mm，以及螺桿轉速分別為 20r/min、25r/min、30r/min、35r/min、40r/min，對微滴直徑的影響，其結果如圖 5-11 所示。

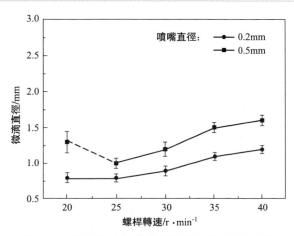

圖 5-11　螺桿轉速和噴嘴直徑對微滴直徑的影響

　　從實驗結果可以看出，微滴直徑隨著螺桿轉速的增加而增加，由於經過合理的螺桿設計，可基本實現螺桿轉速與閥腔背壓成正比，因此微滴直徑與閥腔背壓成正比。從圖 5-11 中可以看出，當螺桿轉速為 20r/min，噴嘴直徑為 0.5mm 時，液滴直徑出現反曲點，這是由於在較低的螺桿轉速下，背壓較低，微滴缺乏足夠的能量從噴嘴處分離，微滴將黏附在噴嘴處，幾滴微滴融合後，在重力作用下脫離噴嘴，因為微滴尺寸變大，嚴重影響成形精度。此外，當噴嘴為 0.2mm 時，液滴直徑小於噴嘴為 0.5mm 時的微滴直徑，且微滴直徑比為 1.5，小於理論值。這是由於非牛頓流體「剪切變稀」現象造成的影響，當熔體流過直徑更小的噴嘴時，存在更強的剪切力，熔體黏度變小，會相應增加擠出流量，因此微滴直徑增加。

　　b. 閥針運動頻率對微滴直徑的影響。閥針的頻率可透過改變電磁鐵的充放電脈衝實現。實驗條件：噴嘴直徑 0.2mm，螺桿轉速 30r/min，閥針運動距離 2mm，加熱溫度 230℃，其閥針運動頻率分別為 2Hz、4Hz、6Hz、8Hz、10Hz。閥針運動頻率對微滴直徑的影響如圖 5-12 所示。從實驗結果可以看出，微滴直徑與閥針運動頻率呈負相關比例關係。根據微滴成形理論分析，閥針運動頻率決定噴嘴的開合週期，頻率越快，開合週期越短，週期內擠出流量越小，因此頻率越高，微滴直徑越小。

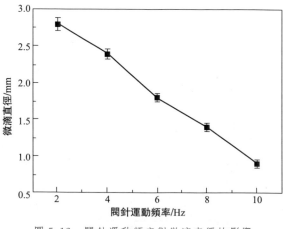

圖 5-12　閥針運動頻率對微滴直徑的影響

　　c. 閥針運動距離對微滴直徑的影響。閥針運動距離透過連接在電磁鐵上的壓縮彈簧的長度來調節。實驗條件：噴嘴直徑 0.2mm，螺桿轉速

30r/min，閥針運動頻率 10Hz，加熱溫度 230℃，閥針運動距離分別設置為 1mm、1.5mm、2mm、2.5mm、3mm。閥針運動距離對微滴直徑的影響如圖 5-13 所示。

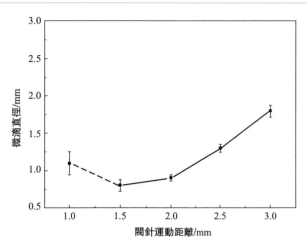

圖 5-13　閥針運動距離對微滴直徑的影響

　　根據實驗結果，當閥針移動距離為 1mm 時，微滴會黏附在噴嘴處產生聚集，即當閥針運動頻率保持不變的情況下，閥針運動距離越短，運動速度越低，熔體拖曳流動動能越小。當小於反曲點值時，微滴因缺乏動能而不能擠出，微滴聚集在噴嘴，在重力作用下落到基板上（虛線部分）。另一方面，當閥針運動距離過大時，熔體擠出動能過大，呈噴射狀態，極易產生衛星滴，嚴重影響精度。根據實驗結果，當閥針運動距離在 1.5～3mm 時，閥針運動距離與微滴直徑成正比。

　　d. 熔體溫度對微滴直徑的影響。作為非牛頓流體，熔體的黏度隨溫度的變化明顯，在高溫時，熔體黏度降低，使之有利於從噴嘴中擠出。實驗條件：噴嘴直徑 0.2mm，螺桿轉速 30r/min，閥針運動頻率 10Hz，閥針運動距離 2mm，加熱溫度分別設定為 200℃、210℃、220℃、230℃、240℃。加熱溫度對微滴直徑的影響如圖 5-14 所示。

　　根據實驗結果，微滴直徑隨著加熱溫度的增加而增加。當熔體黏度降低時，擠出流量增加。此外，當溫度低於 210℃ 時，微滴黏附於噴嘴上，不能落到基板上，這是由於當溫度低於 210℃ 時，熔體黏度高達 75000Pa·s。此外，當加熱溫度高於 240℃ 時，耗材開始分解，產生大量衛星滴，嚴重影響精度。

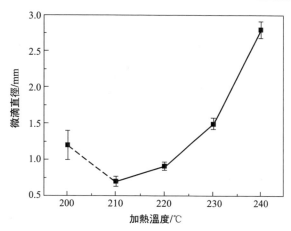

圖 5-14　加熱溫度對微滴直徑的影響

　　正交實驗方法運用陣列來判斷各參數對實驗結果的影響程度，信噪比 S/N 值是正交實驗中的一個驗證指標，其較大的 S/N 值代表和目標值有更高的相似度，其計算公式：

$$S/N = -10\lg\left(\frac{1}{n}\sum_{i=1}^{n}y_i^2\right) \tag{5-1}$$

式中　S/N——信噪比；

$\quad\quad y_i$——第 i 次試驗的測試數值與注塑數值之差；

$\quad\quad i$——試驗序號；

$\quad\quad n$——試驗次數。

　　本研究採用五因素四水平正交陣列，如表 5-1 所示。

表 5-1　因素、工藝參數及水平

因素	工藝參數	單位	水平			
			1	2	3	4
A	噴嘴直徑	mm	0.2	0.5		
B	螺桿轉速	r/min	20	25	30	35
C	閥針運動頻率	Hz	1	4	7	10
D	閥針運動距離	mm	1	2	3	4
E	加熱溫度	℃	210	220	230	240

　　影響微滴直徑的五個因素的 S/N 平均值如圖 5-15(a) 所示，以及影響因素的標準差如圖 5-15(b) 所示，其較大值代表對微滴直徑有更大的影響力。結果顯示因素 E——加熱溫度對微滴直徑有最大的影響力，其

值為 5.52。對微滴直徑的影響力從大到小的分布為：加熱溫度＞閥針運動距離＞閥針運動頻率＞噴嘴直徑＞螺桿轉速。

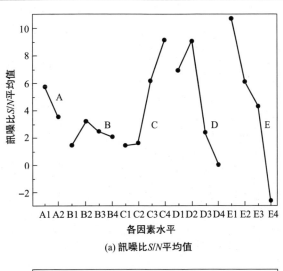

(a) 訊噪比S/N平均值

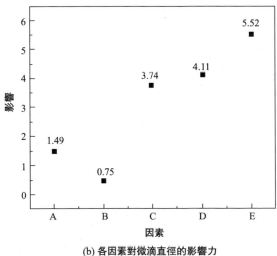

(b) 各因素對微滴直徑的影響力

圖 5-15　微滴尺度影響因素權重分析

　　圖 5-16 顯示了 9 列 6 行的微滴分布，由於基板運動（9mm/s）的拖曳作用，微滴呈紡錘狀，在如標準所示的工藝參數下，微滴長度 L 約為 2mm，寬度 W 約為 1.5mm。可以看見微滴之間存在流延絲線，但並不明顯。每個液滴的尺寸透過圖像分析軟體進行測定，並透過重複精度公式進行計算。經測算，微滴直徑的重複精度為 4.3%，小於 5%。

$$\delta_{\mathrm{m}} = \frac{\sqrt{\dfrac{1}{n-1}\sum_{i=1}^{n}(m_i - \bar{m})^2}}{\bar{m}} \times 100\% \qquad (5\text{-}2)$$

式中　δ_{m}——微滴重複精度；

　　　m_i——微滴尺寸檢測值；

　　　$\bar{m}$——微滴尺寸平均值；

　　　n——檢測數量。

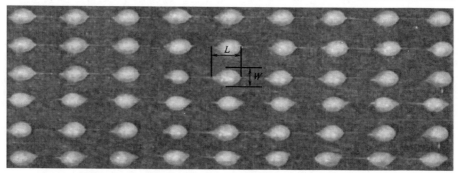

圖 5-16　9 列 6 行微滴分布圖

成滴參數：噴嘴直徑 0.5mm、螺桿轉速 40r/min、針閥頻率 4Hz、

噴嘴基板間距 2mm、熔體溫度 230℃

③ 聚合物熔體微滴堆疊自由成形　聚合物熔體微滴堆疊成形的過程主要是由一個個離散的聚合物熔體微滴按照一定的排布方式堆積在一起，其基本原理如圖 5-17 所示。從圖中可以看到，對於同一種材料而言，影響聚合物熔體微滴堆疊成形精度的主要因素為液滴間距（W_x、W_y、W_z）和成形路徑。

圖 5-17　聚合物熔體微滴堆疊成形原理圖

a. 微滴間距對微滴堆疊成形精度的影響。微滴間距 W_x 主要是透過改變基板的移動速度來控制。分別在基板移動速度為 40mm/s、35mm/s、30mm/s 和 25mm/s 時測量微滴之間的距離，其成形效果如圖 5-18 所示。

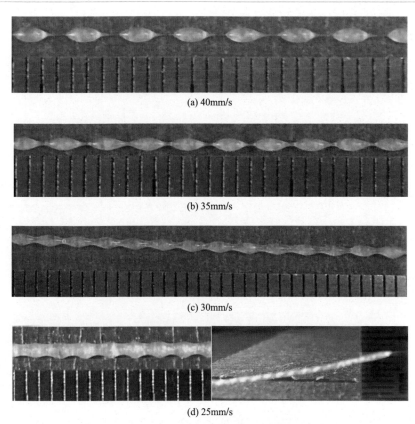

(a) 40mm/s

(b) 35mm/s

(c) 30mm/s

(d) 25mm/s

圖 5-18　不同基板移動速度下的微滴成形效果

透過計算圖 5-18 中微滴之間的距離得到微滴間距和基板移動速度的關係如圖 5-19 所示。從圖中可以看出，隨著基板移動速度的增加，微滴間距逐漸增大；基板移動速度在 30mm/s 以下時，微滴之間出現重熔現象，並且兩端產生翹曲變形；而當基板移動速度大於 35mm/s 時，微滴之間呈現分離狀態；因此當基板移動速度在 30mm/s 時，微滴間距最小，在 X 方向成形效果相對較好。

在基板移動速度為 30mm/s 時，分別在微滴間距 W_y 為 0.5mm、1.0mm、1.5mm 和 2.0mm 四種情況下，分析微滴間距 W_y 對微滴堆疊成形精度的影響，其堆疊成形效果如圖 5-20 所示。

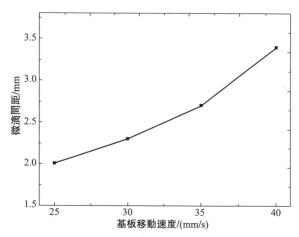

圖 5-19　基板移動速度同微滴間距關係圖

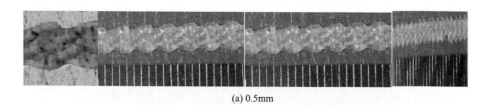

(a) 0.5mm

(b) 1.0mm

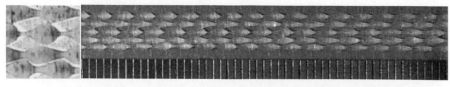

(c) 1.5mm

(d) 2.0mm

圖 5-20　不同微滴間距 W_y 下的堆疊成形效果

　　從圖 5-20 中可以看出，隨著微滴間距 W_y 的增大，堆疊成形製品中間會出現孔洞現象。為了表徵其製品的成形精度，計算製品相同面積下的孔隙率，計算結果如圖 5-21 所示。隨著液滴間距的增大，成形製品的孔隙率呈線性增大。液滴間距為 0.5mm 時，液滴間距過小，造成液滴堆疊嚴重，成形後製品出現翹曲變形；液滴間距為 2.0mm 時，液滴間距離過大，無法成形一個製品。故液滴為 1.0mm 時成形效果較好。

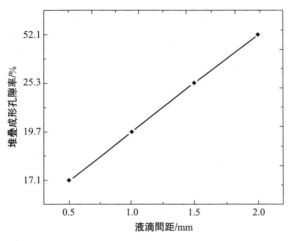

圖 5-21　不同液滴間距下的堆疊成形孔隙率

　　已知微滴間距 W_y 在 1.0mm 時堆疊成形製品的精度較好，因此在此參數下分別設定微滴間距 W_z 為 0.5mm、1.0mm、1.5mm 和 2.0mm，分析微滴間距 W_z 對微滴堆疊成形精度的影響，其堆疊成形效果如圖 5-22 所示。

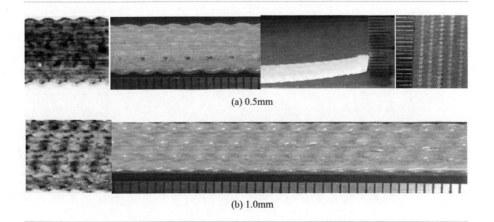

(a) 0.5mm

(b) 1.0mm

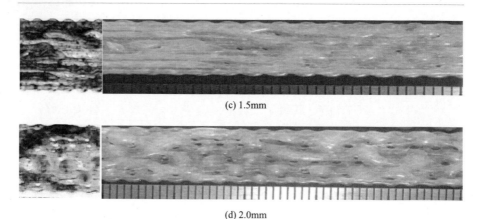

(c) 1.5mm

(d) 2.0mm

圖 5-22　不同微滴間距 W_z 下的堆疊成形效果

　　從圖 5-22 中可以看出，隨著微滴間距 W_z 的逐漸增大，堆疊成形製品的表面越來越粗糙。當微滴間距大於 1.0mm，堆疊成形製品表面存在著微滴堆疊的流痕，尤其是當微滴間距為 2.0mm 時，微滴在製品表面呈現不均勻的排布，製品表面凹凸不平。造成這種現象的主要原因是聚合物熔體其自身具有黏彈性，由於微滴間距過大，使得上下層之間微滴與微滴的黏合作用小，微滴從噴嘴噴出後會隨著噴嘴一起運動，並且隨著微滴間距 W_z 的逐漸增大，其表面精度越來越差；而當微滴間距 W_z 為 0.5mm 時，由於微滴間距過小，造成熱量積聚，堆疊成形製品的兩端產生翹曲變形現象。透過以上的分析可知，微滴間距 W_z 在 1.0mm 時微滴堆疊成形的精度較好，且無明顯的翹曲變形現象發生。

　　b. 微滴成形路徑對微滴堆疊成形精度的影響。透過研究發現，對於實驗材料聚丙烯熔體而言，沿短邊路徑成形製品的表面粗糙度為 $178\mu m$，沿長邊路徑成形製品的表面粗糙度為 $332\mu m$，表面精度明顯提高了近一倍。沿短邊路徑成形製品表面微觀組織見圖 5-23。

　　其主要原因是：沿著短邊路徑堆疊，距離較短，反曲點增加，基板不斷地加速和減速運動，其平均速度相比長邊堆疊會低，由於液滴與基板的摩擦拖曳效應，造成液滴較大，填補了液滴之間的孔隙，從而形成的製品表面精度較高。但是存在的問題是，當堆疊成形兩層時，由於微滴的熱量積聚，成形製品兩端會出現嚴重的翹曲變形，翹曲量接近 8mm，因此 Z 方向的成形精度受到了嚴重影響。沿著長邊路徑堆疊成形表面精度稍微差些，但是成形製品的兩端不會出現翹曲變形的現象，從而在整體上看沿著長邊路徑堆疊成形精度較高（見圖 5-24）。

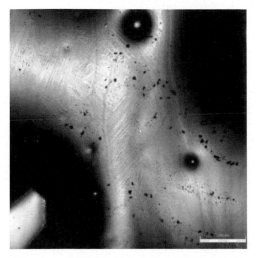

圖 5-23　沿短邊路徑成形製品表面微觀組織

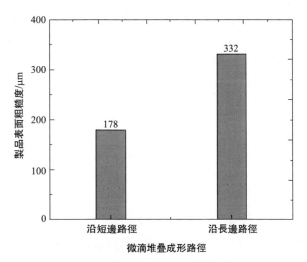

圖 5-24　兩種路徑成形製品表面對比

④ 聚合物熔體微滴成滴和堆疊過程溫度場的模擬分析　對於聚合物熔體微滴堆疊過程進行分析，採用有限單元法和單元生死技術，建立聚合物熔體微滴堆疊成形溫度場計算模型，模擬聚乳酸（PLA）長方體薄板模型微滴堆疊成形過程溫度場的演變規律。分析結果顯示：長方體薄板模型微滴堆疊成形溫度場隨微滴堆疊位置的移動而呈現動態變化，微

滴節點的溫度曲線隨結合區域發生熔合的次數變化出現不同個數的溫度峰值，微滴間的結合性隨熔合次數的增加而增大。模擬結果與試驗結果基本吻合，較好反映了實際成形過程中零件的溫度場變化。

微滴堆疊成形是一個材料按照一定的軌跡動態增加，熱源局部瞬間增大，並伴有液固相變的過程，其溫度場的有限元分析計算屬於典型的非線性瞬態熱傳導求解問題。為了簡化計算，建模時假定如下：

a. 聚合物熔體微滴堆疊成形過程看作是單一小微元體逐點逐層累積的過程，上下層和相鄰微滴之間共用同一個介面，從而保證材料的連續性；

b. 材料的熱物理性參數隨溫度改變，且假定在微小時間內呈線性變化；

c. 忽略微滴堆疊成形時的溫度變化，微滴單元的初始溫度為均勻；

d. 堆疊成形過程忽略材料不同結晶率對密度的影響，採用成形溫度區間內的平均密度值計算。

微滴堆疊成形過程的溫度場求解採用有限元方法將連續的求解域離散成有限的單元組合體，利用單元生死技術，運用參數化編程語言模擬材料按微滴堆疊成形路徑移動，在不同時刻激活相應的單元並實現微滴的動態堆疊和熱量載荷的動態加載。

根據實際工藝過程，建立圖 5-25 所示的聚合物熔體微滴堆疊成形的溫度場有限元計算網格模型，模型採用六面體八節點熱單元進行網格劃分，單元尺寸為 2mm×2mm×1mm。採用生物降解材料聚乳酸（PLA）作為堆疊成形材料，其各項物理性能參數如表 5-2 所示。

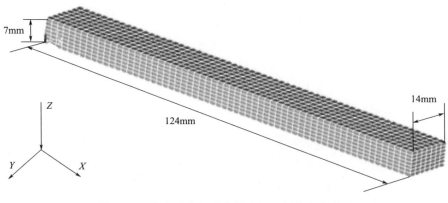

圖 5-25　長方體薄板溫度場有限元計算網格模型

表 5-2　PLA 物理性能參數

溫度/℃	密度/(kg/m³)	熱導率/[W/(m・K)]	比熱容/[J/(kg・K)]
25	1240	0.13	2040
180	1240	0.12	2130

圖 5-26 所示為依據實際微滴堆疊情況建立的長方體薄板溫度場分析模型成形軌跡和關鍵節點。採用建立的模型，按成形軌跡和時間順序逐步激活單元，得到成形零件的溫度分布結果和不同位置的微滴節點溫度變化規律。

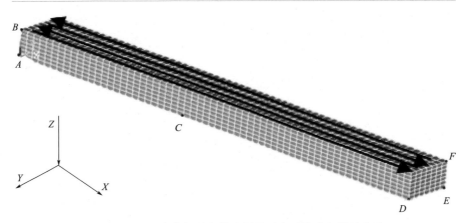

圖 5-26　長方體薄板溫度場分析模型成形軌跡和關鍵節點

a. 微滴堆疊成形過程的零件溫度場分布規律。圖 5-27 為微滴堆疊成形過程的長方體薄板在不同時刻的溫度分布情況。從圖中可以看出，在零件成形的同一層內，微滴所在的位置溫度最高，隨著微滴的位置移動，溫度逐漸降低，其溫度場呈現動態變化；每一層的溫度場分布相近，均是微滴從堆疊的起始位置溫度逐漸降至環境溫度，溫度沿著 Y 方向逐漸升高，在每層的最後 列均是溫度最高的集中區域。圖 5-28 為零件成形結束的瞬間，沿圖 5-26 所示的 EF 路徑方向，不同微滴堆疊高度處的溫度分布曲線。隨著微滴堆疊高度的增加，溫度逐漸增大，在 1～5mm 的範圍內溫度梯度較小且逐漸增大，但均在 10℃/mm 以下；在 5～6mm 內溫度梯度較大，約為 129.1℃/mm，6～7mm 內微滴的溫度為 180℃。由此可見，隨著微滴堆疊高度的逐漸增加，層與層之間產生溫度梯度，並由於熱量的累積效應，導致各層之間的溫度梯度逐漸增大，新堆疊成形的溫度層對下一層的溫度影響最大，而後逐漸減小。

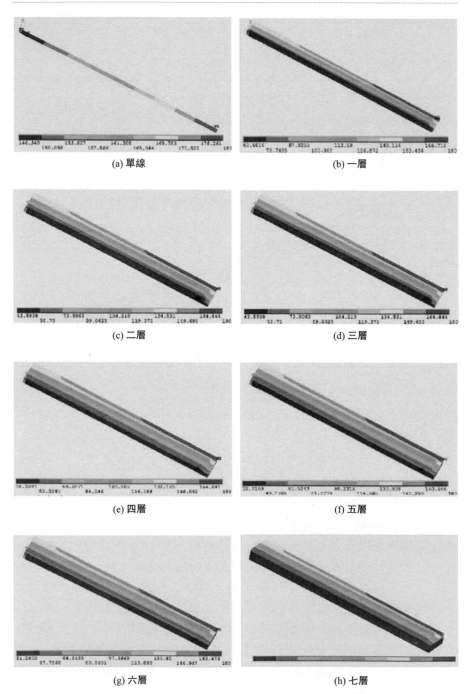

(a) 單線

(b) 一層

(c) 二層

(d) 三層

(e) 四層

(f) 五層

(g) 六層

(h) 七層

圖 5-27　長方體薄板微滴堆疊成形過程不同時刻的溫度場分布

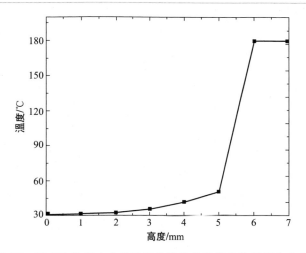

圖 5-28　沿 *EF* 路徑方向的不同微滴堆疊高度處的溫度分布曲線

　　b. 微滴堆疊成形過程的零件不同點溫度變化規律。圖 5-29 為微滴過程中，圖 5-29 所示的零件不同節點處的溫度變化曲線圖。由圖 5-29 可知，每個節點都會有溫度的峰值點和峰谷點。對於在同一條堆疊路徑上的 *A*、*C*、*D* 這 3 點，其溫度曲線的變化基本相同，只是在溫度峰值點的時間不同。當微滴堆疊到某一節點，該節點的溫度瞬間從環境溫度升至微滴溫度 180℃，之後該節點溫度逐漸下降。可以看出，每個節點的冷卻速率基本相同。對於熱循環曲線 1，由於節點 *A* 為 4 個微滴結合處的共用點，所以出現了 4 次溫度峰值，第一次為微滴滴下時刻；第二次為 *Y* 方向第二點微滴熔合時刻；第三次為第二層 *Z* 方向上第一點微滴熔合時刻；第四次為第二層 *Y* 方向第二點微滴熔合時刻。由此可知，當 4 個微滴單元堆疊時，節點 *A* 將發生 3 次微滴熔合現象，增加微滴間的結合強度。同理，節點 *C* 與 *A* 相同，也是 4 個單元的共用節點，曲線 2 出現了 4 次溫度峰值。對於節點 *D*，曲線 3 出現了 2 次溫度峰值，主要是因為節點 *D* 處的兩個微滴相鄰出現，因此溫度不會發生瞬間變化。對於節點 *E*，曲線 4 出現了 3 次峰值，主要是因為節點 *E* 是最後一個點，第一層微滴堆疊後產生一個溫度峰值，第二層其上方有 2 次微滴堆疊，因此產生 2 個溫度峰值。對於節點 *B*，曲線 5 出現了 2 次溫度峰值，這是因為該節點是最後一層，只有 2 次微滴堆疊。由此可知，微滴節點的溫度曲線隨結合區域發生熔合的次數變化出現不同個數的溫度峰值。

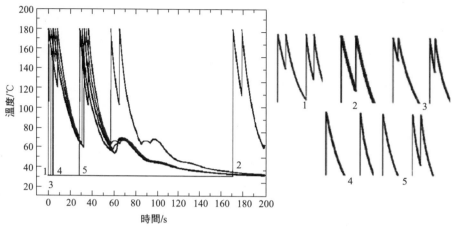

圖 5-29　長方體薄板不同節點處溫度變化曲線

1－A 點；2－B 點；3－C 點；4－D 點；5－E 點

　　為了驗證模擬結果的正確性，採用 PLA 粒料為實驗材料，在熔滴直徑 2mm，熔滴溫度為 180℃，環境溫度為 30℃ 的工藝條件下成形，聚合物微滴排布效果如圖 5-20 所示。

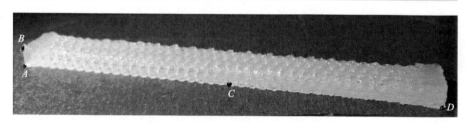

圖 5-30　微滴堆疊成形的長方體薄板

　　圖 5-30 為微滴堆疊成形的長方體薄板，從圖中選取 A、B、D 這 3 個節點觀察其微觀組織，並從 C 點斷開觀察其斷面組織，如圖 5-31 所示。可以看出，節點 A 處的組織較為緊密，微滴之間的黏結性較好，造成這種現象的主要原因在於微滴之間的多次熔合使得微滴之間的黏合強度更高；節點 B 處的組織較為疏鬆，微滴之間存在著空隙，這主要是由於微滴熔合次數較少造成的；節點 D 處的組織呈線形，微滴之間的黏結性在所有節點裡面最好，這主要是由於此處是成形路徑的反曲點處，連續 2 次的微滴熔合造成微滴黏結成一個整體，形成一種線性組織；將薄板從 C 點斷開，觀察其斷面組織可以發現，斷面較為平整，組織緻密，這主要是由於此截面的微滴都會經歷多次微滴熔合，使得微滴之間黏結

較為緊密。上述試驗分析結果與模擬計算得到的零件成形過程中的溫度分布規律和不同節點微滴的熱循環變化曲線基本吻合，驗證了本研究所建模型的有效性和正確性。

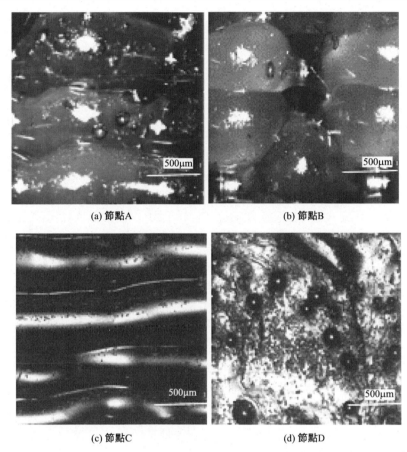

(a) 節點A   (b) 節點B

(c) 節點C   (d) 節點D

圖 5-31　微滴堆疊成形長方體薄板節點微觀組織

5.3.2　金屬

　　金屬微滴沉積技術在微電路印刷、薄壁金屬零件、多孔金屬零件、異質材料零件等工業領域具有廣闊的應用前景。金屬微滴按需噴射的方式主要有兩種，接觸式和非接觸式。接觸式微滴製備是在噴射腔內液體自由表面施加脈衝氣壓或透過壓電振動擠壓噴射腔內的流體。非接觸式微滴噴射採用恆定磁場和脈衝電流互動作用下產生的脈衝電磁力作為驅動力，在週期性電磁力作用下，迫使噴射腔內部流體從噴嘴端口處週期

性斷裂成滴。

柔性導線是柔性電子裝置的重要組成部分，透過將導電材料微滴噴射到柔性基體上，可實現柔性電路的製造。張楠等人以柔性低熔點的鎵銦合金為導電材料列印柔性導線，在脈衝電流頻率為 50Hz，電流在 32～36A 之間，可以實現電流脈衝頻率與微滴產生頻率的同步，無拖尾現象，實現一個電流脈衝對應一個液態金屬微滴的形成。得到的柔性導線不僅具備高的變形能力和電導率，且無毒性。肖淵等人建立了單顆微滴撞擊植物表面後沉積變形模型，模擬微滴與織物基底的碰撞與滲透過程，並透過實驗驗證了其準確性，同時提出一種微滴噴射與化學反應相結合的織物表面導電線路成形的方法。以棉織物為基板，進行點陣和導線沉積試驗，隨著基板速度的變化，成形的線寬先增大後減小，在 0.40mm/s 時，線寬達到最大，成形線寬較均勻。

Tseng 等人研究了成形金屬部件的液滴產生理論，開發了基於液體射流的線性穩定性理論的適當公式。根據理論結果，設計和製造液滴發生器以產生蠟和錫合金液滴，並在較寬範圍的射流速度、頻率和液滴尺寸下進行了實驗驗證。在最佳條件下可以控制液滴尺寸的尺寸偏差小於 3％，並且可以將沉積層的形狀變化控制在其沉積寬度的 3％以內。

金屬微滴在沉積過程中，通常角部金屬液滴的過度重疊會影響列印件的品質。為了解決過度重疊問題，Zhang D 等人首先分析了角點過度重疊的原因，提出了角點過度重疊的數學模型。然後根據等列印軌跡的轉角和液滴數對液滴的中心距進行優化補償，使相鄰液滴之間的距離適中。經沉積實驗顯示，採用該方法可顯著提高成形件的品質。

Yamaguchi 等人使用一個壓電驅動的執行機構沉積熔點為 47℃ 的合金（Bi-Pb-Sn-Cd-In）。他們把材料加熱到 55℃，並從直徑 $200\mu m$、$50\mu m$ 和小於 $8\mu m$ 的噴嘴中噴出，列印製品如圖 5-32(a)。液滴越小成形細節越好，部分零件填充率能達到 98％。

在 Wenbin C 等人的研究中，將鋁加熱到 750℃ 熔化，利用氫氣產生脈衝壓力，驅動熔融的鋁液以液滴的形式從 0.3mm 直徑的噴頭射出，液滴的大小和形成速率由頻率、施加時間和脈衝間隔來控制，整個工作空間充入氫氣，防止鋁液氧化。脈衝氣體壓力介於 20～100kPa 之間，脈衝寬度 30～130ms，脈衝間隔 20～40ms。採用該方法製造的零件如圖 5-32(b) 所示，實驗顯示透過直徑 0.3mm 的石墨噴嘴每秒產生 1～5 滴較為合適，當鋁液滴的初速度增大到 8.1m/s 時相對密度可達到 92％。

(a) 滴製而成的微型房屋

1cm   1cm

(b) 鋁製零件

圖 5-32　金屬列印製品

　　由於金屬材料具有磁響應和導電性，相較於其他材料，液體金屬也可使用電磁力作為驅動。Luo Z 等人研究了一種按需噴射電磁列印工藝，如圖 5-33 所示，引入外部電磁場和內部脈衝電流透過液體金屬，使金屬受由此產生的電磁力驅動。

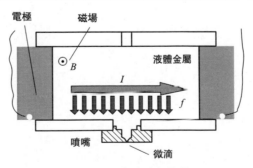

圖 5-33　電磁列印原理

5.3.3　陶瓷

　　近年來，陶瓷因具有耐高溫、耐腐蝕及特殊的功能性，越來越受到研究者的關注，在陶瓷噴墨列印方面取得了重大的進步。以陶瓷粉末為主要原料的材料噴射 3D 列印技術被稱為直接陶瓷噴墨列印（direct ceramic-ink-jet printing，DCIJP）。直接陶瓷噴墨列印所使用的陶瓷墨水一般由陶瓷微粉、分散劑、黏合劑、溶劑及其他輔料構成，陶瓷粉末很好地分散在液相載體中是至關重要的。含有陶瓷粉末的「墨水」懸浮液必須具有流體性質，從印表機的噴嘴噴出後必須移除「墨水」中的載體並燒結得到粉末燒結物。

　　1995 年 Blazdell 等人首先用連續式噴墨印表機在不同材質的底板上打出了 10～110 層的 ZrO_2 坯體。由於墨水揮發性不好，致使出現上層負荷把下層壓壞的現象。1996 年 Teng 等人對墨水的沉積和黏度進行了全面的最佳化研究。

　　Tay 等人的實驗是用氧化鋯粉末、溶劑和其他添加劑的混合物進行的，將這種混合「墨水」在壓力下從直徑 $62\mu m$ 的噴嘴印刷到距離 6.5mm 的基底上。研究發現，單層列印時，在沉積材料易擴散的基片上，相鄰的墨滴會合併成單個較大的墨滴，而在其他基片上，各個點相對獨立。在多層堆疊印刷的實驗中，沉積的結果是不平整的，充滿了山脊和山谷，見圖 5-34。

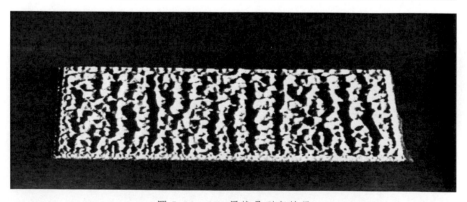

圖 5-34　300 層堆疊列印結果

　　Zhao 等人將氧化鋯懸浮在溶劑中製成墨水，採用按需噴射方法在微尺度上列印出了英國的漢普頓宮廷。每鋪設下一層之前都要使用熱

風機對上一層進行加熱乾燥，因此樣品在 1450℃ 下燒結接近全密度。圖 5-35(a)所示為不同牆體厚度的列印製品。圖 5-35(b) 所示垂直牆體厚度為 3 個液滴直徑，高度方向堆疊厚度達 1800 層。

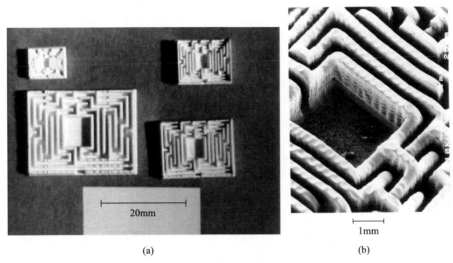

(a)　　　　　　　　　　　　　　　(b)

圖 5-35　直接陶瓷噴墨列印英國漢普頓宮廷的迷宮模型

5.3.4　水凝膠

　　水凝膠被定義為具有物理或化學交聯的親水聚合物鏈在大量水中膨脹的三維立體網路的材料。這些材料有許多重要的應用，包括作為生物醫學基質、藥物傳遞系統、感測器和用作軟體機器人的人造肌肉。然而，儘管水凝膠的應用前景廣闊，但由於傳統製造技術難以將原材料加工成複雜的功能裝置，水凝膠的實際應用受到了阻礙。如今，3D 列印透過一層一層地按順序列印「墨水」，從數位結構中構建 3D 對象，可以為組織工程製造複雜的水凝膠支架。

　　Lee W 等人提出了一種方法來創建多層工程組織複合材料，包括模擬人皮膚層的成纖維細胞和角質形成細胞（圖 5-36）。採用直接列印膠原蛋白水凝膠前體、成纖維細胞和角質形成細胞的 3D 列印平臺，實現細胞的 3D 列印。列印出的含有細胞的膠原蛋白層，在接觸霧化的碳酸氫鈉溶液後產生交聯。在平面組織培養皿上以逐層方式重複該過程，產生兩個不同的內成纖維細胞和外角質形成細胞的細胞層。為了證明在非平面表面上印刷和培養多層細胞水凝膠複合材料以用於包括皮膚傷口修復在內

的潛在應用的能力，該技術在具有 3D 表面輪廓的聚二甲基矽氧烷（PDMS）模具上進行測試。在平面和非平面表面上觀察到每個細胞層的高度可行的增殖。研究結果顯示，器官型皮膚組織培養是可行的，按需細胞列印技術未來可用於創建針對傷口形狀的皮膚移植物或用於疾病建模和藥物測試的人工組織。

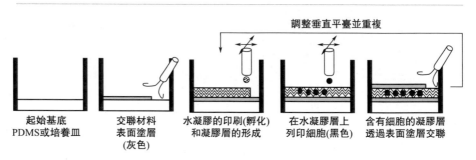

圖 5-36　細胞直接 3D 列印平臺

5.3.5　生物材料

　　組織工程和再生醫學方法已經成為恢復、修復或替換包括器官移植在內的受損或丟失的人體組織/器官領域的有前景的技術。組織工程旨在生產生物替代品，以克服傳統臨床治療對受損組織或器官的侷限性。組織工程背後的主要方法之一是在體外培養相關細胞以形成所需的組織或器官，然後再植入體內。近年來，組織工程取得了許多成功。然而，這些成功僅限於相對較薄的組織結構，如皮膚和膀胱。這些工程組織可以透過從宿主血管中擴散營養物質來支持。然而，當工程組織的厚度超過 $150 \sim 200 \mu m$ 時，就會超過氧擴散的極限。因此，組織工程技術人員必須在工程組織中建立功能血管，為細胞提供氧氣和營養，並去除廢物。這是傳統組織工程中尚未解決的問題。

　　一種以可控的方式生產包括細胞或細胞外基質在內的複雜生物製品的新方法稱為生物列印或生物製造，它有效利用了快速成形原理和細胞負載的生物材料（通常是水凝膠）相結合。以細胞球體作為構建塊用於創建三維功能組織/器官。它根據患者的需要提供人工組織/器官，提供了與器官移植相關的器官短缺的替代解決方案。

　　通常，3D 生物列印可以透過兩種方法實現：基於孔板的列印和無孔列印。基於孔板的列印具有兩種形式：基於液滴的和基於長絲的，取決於沉積的材料的形狀。前者以噴墨印刷為代表，後者主要透過擠出沉積

來實現。無孔印刷主要透過雷射誘導正向轉移技術來實現，該技術也是基於噴射的。與基於雷射的技術相比，噴墨通常有利於實施和提高效率，尤其是在印刷黏性較低的生物材料時。與擠出沉積相比，噴墨能夠製造空間異質結構。

在 Xiaofeng Cui 等人的研究中發現，可以使用改進的熱噴墨印表機，使用按需滴定聚合的方式將人微血管內皮細胞與適當的生物材料（纖維蛋白）一起同時沉積用於微血管製造。圖 5-37 所示為採用改進的熱噴墨印表機列印纖維蛋白支架。列印後纖維蛋白支架形狀保持正常，在 Y 軸（用 B 中的箭頭表示）只觀察到印刷圖案的輕微變形。這種列印技術的使用證明其對細胞的損害很小，能夠發現細胞在通道內對齊並增殖，形成融合的襯裡。在印刷圖案中也發現了 3D 管狀結構，證明了細胞和支架採用熱噴墨法同時印刷可以促進人體微血管內皮細胞增殖和微血管形成。

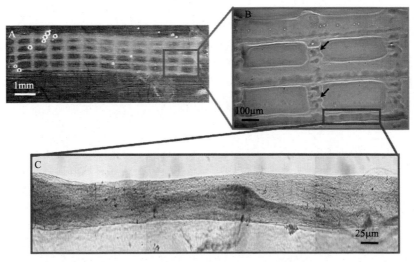

圖 5-37　採用改進的熱噴墨印表機列印纖維蛋白支架

Tao X 等人在研究中，透過這種方式列印出了初始胚胎海馬和皮質神經元的複雜結構。免疫染色分析和全細胞膜片鉗紀錄顯示胚胎海馬和皮質神經元在透過熱噴墨噴嘴印刷後維持基本的細胞特性和功能，包括正常、健康的神經元表型和電生理特徵。另外，透過細胞株和纖維蛋白凝膠的交替噴墨列印使神經細胞層層疊加。這些結果和發現共同顯示，噴墨列印正在迅速發展成數位製造方法，以構建最終可在神經組織工程中應用的功能性神經結構。

同樣，在生物領域，Khalil 等人介紹了一種用於生物聚合物沉積的新型方法，用於自由形成能夠沉積生物活性成分的三維組織支架。基於天然聚合物和合成聚合物的水凝膠對細胞封裝是一種很好的選擇，水凝膠對組織工程的新領域如基質有很好的應用前景。研究者設計開發了一種多噴嘴生物聚合物沉積系統，可用於沉積海藻酸鈉溶液。如圖 5-38 所示，氣動微型閥是典型的機械閥，透過施加的氣壓打開和關閉閥門，並由控制器調節。該系統可以在擠出或液滴模式下工作。在擠壓模式下，控制器施加壓力將活塞提升擠壓彈簧打開閥門，彈簧將針頭從針座上抬起。施加壓力將生物聚合物材料從噴嘴尖端擠出，該壓力透過材料輸送系統調節。當控制器將針頭放回針座而關閉閥門時，擠壓結束。以此方式實現連續模式。另外，氣動閥可以以液滴模式進行。同時操作多個氣動閥以在三維海藻酸鹽支架的開發中進行異質沉積。在三維海藻酸鹽支架的研製過程中，同時操作多個氣動閥進行非均相沉積。沉積過程是生物相容的並且在室溫和低壓下發生以減少對細胞的損害。與其他系統相比，該系統能夠在支架構建的同時，沉積具有精確空間位置的、數量可控的細胞、生長因子或其他生物活性化合物，以形成明確的細胞組織結構。

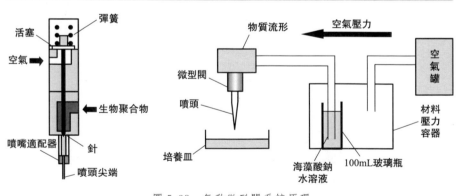

圖 5-38　氣動微型閥系統原理

在擠出模式中，材料在施加的壓力下從噴嘴尖端擠出。該模式基本上可以以線形結構的形式放置材料，以透過在設計路徑中將噴嘴尖端移動到基板上來創建期望的模型。可以逐層重複該過程以形成三維形狀的部件。

在液滴模式中，材料以液滴的形式沉積，透過使用噴嘴系統設置中的頻率函數和關鍵參數來控制。液滴模式可以透過在基板上的預期位置

處沉積多個液滴來形成結構化層。類似地，可以重複該過程以製造 3D
結構。

5.4 材料噴射成形技術的優缺點

材料噴射成形技術可以列印兩種或兩種以上的材料。支撐材料可以
與成形材料不同，支撐結構的去除過程變得十分簡單。調節不同材料的
配比，能夠組合生產多種材料的產品。在同一件列印製品中，可以兼容
不同的材料特性。多年來，零件製造只具有同一種顏色，但如果給 3D 印
表機中添加不同顏色（黃色、青色、黑色）的物料，能夠組合出不同的
顏色或形成不同透明度，實現立體全彩 3D 列印。印表機工作過程無環境
汙染，適合辦公環境。

相比於其他 3D 列印方式，材料噴射成形技術對於原材料的種類及
粒度要求都很高，材料開發難度大，目前可供噴射列印的材料十分有
限，並且價格昂貴。墨水液滴的大小限制了列印點的最大高度，很難
製備 Z 軸方向具有不同高度的三維結構，且不能列印內部多孔結構
模型。

5.5 材料噴射成形設備

5.5.1 聚合物噴射成形設備

Sanders Prototype 公司（2011 年被美國 Stratasys 收購）於 1994 年
推出採用蠟材料噴墨沉積的 3D 印表機；隨後，美國 3D Systems 公司在
1996 年和 1999 年分別推出了沉積蠟材料噴墨列印設備 Actua 2100 和
Thermjet。3D Systems 公司提出加入活性成分以在成形後固化加強。美
國溫太克公司在選擇性沉積材料中加入了可光固化組分，提高了力學性
能。以上探索採用了光固化組分，但其僅作為助劑輔助增強，主材料依
然是蠟材料。

2000 年，以色列 Objet Geometries 公司（該公司已與 Stratasys 公司
合併）推出採用光固化材料的噴墨印表機 PolyJet，其採用紫外光可固化
聚合物噴墨沉積後光固化實現每層列印，即其固化並不依賴蠟的相變而

依靠光固化反應。2008 年該公司發布了新的技術 PolyJet Matrix，是全球首例可以實現不同模型材料同時噴射的技術。

2008 年，美國 Stratasys 公司推出 Objet500 Connex3 快速成形系統，是有史以來世界首臺能同時使用多色與多材料的 3D 印表機，圖 5-39 所示為 Objet500 Connex3 彩色印表機及其列印的製品。Stratasys 公司的 J750 和 J735 是全球首款全彩多材料 3D 印表機，可同時混合 6 種材料，實現 50 萬種顏色，不同的紋理、透明度和軟硬度。搭載 Voxel Print 軟體，可在體素級控制材料，實現更逼真的色彩，利用創造出的數位材料，混合出不同的材料特性，所有製造過程都在一次列印操作中完成。

圖 5-39　Objet500 Connex3 彩色印表機及其列印製品

Solidscape 作為全球最大的 3D 印表機製造商 Stratasys 旗下子公司，是全球高精度 3D 印表機的龍頭企業。公司成立於 1994 年，其代表產品有 Solidscape S300 系列（S350、S370 和 S390）和 Solidscape S500 型蠟模 3D 印表機。其中 S300 系列主要用於珠寶蠟模製造，可產生精確複雜的幾何形狀及卓越的表面光潔度，而 S500 主要用於工業精密鑄件。

Solidscape 公司的蠟模列印採用噴墨列印技術，主要有以下技術特點（見圖 5-40）：①除列印填充實體外，還構建了詳細的固體蠟支撐結構；②列印使用兩個噴頭，沿 X、Y 和 Z 軸精確定位材料的位置，分別先後成形兩種材質；③每層列印完成後，旋轉銑刀對每一層列印層進行平整，可控制的層厚可達 $50\mu m$，使成形精度進一步提高。

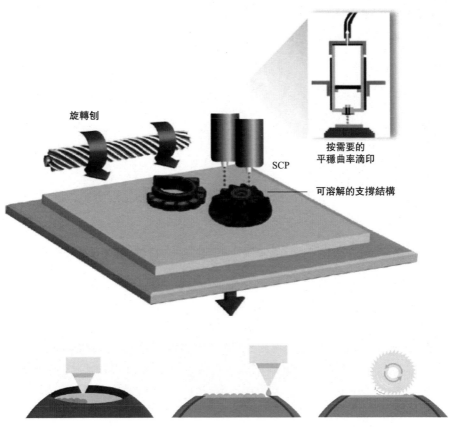

旋轉刨

SCP

按需要的
平穩曲率滴印

可溶解的支撐結構

圖 5-40 Solidscape 蠟模 3D 列印工作原理與過程

　　目前該公司的蠟模列印精度全球最高，具有獨特的 Solidscape 的平滑曲率列印技術（smooth curvature printing，SCP），將精確的按需噴射與細緻的銑削結合在一起。Solidscape 3D 列印技術最高精度可達 $6\mu m$，表面粗糙度可達 $0.81\mu m$，可 100％直接用於工業鑄造，其蠟模成品不會受到溫濕度影響而產生形變。在美國宇航局 NASA、通用電氣 GE、蒂芙尼 Tiffany&Co、施華洛世奇 Swarovski、卡地亞 Cartier、古馳 Gucci、豐田汽車 TOYOTA 等機構、企業均有使用，廣泛應用於生物醫學產品、骨科、牙科、假肢、珠寶、玩具、教育、工業、體育用品等行業。無需任何的後期加工打磨，也不會存在粉塵汙染及廢料。圖 5-41 所示為 Solidscape 公司生產的 Solidscape S300 系列與 Solidscape S500 型蠟模 3D 印表機及列印產品。

圖 5-41　Solidscape S300 系列與 Solidscape S500 型蠟模 3D 印表機及列印製品

5.5.2　金屬噴射成形設備

　　Vader Systems 團隊致力於為低成本金屬 3D 列印生產提供解決方案，其專利磁鐵噴射技術（Magnet-o-Jet™ technology）是基於磁流體動力學（magnetohydrodynamics，MHD）的應用。具體而言，將捲繞的金屬絲連續送入陶瓷加熱室中，並以電阻加熱熔化形成 3mL 液態金屬儲庫，透過毛細作用供給噴射室。線圈圍遶在噴射室周圍，施加電脈衝後於腔室內產生莫氏流體力學勞侖茲力密度（fMHD），其徑向分量產生壓力，將液態金屬液滴噴出孔口。2013 年，該公司基於 Magnet-o-jet 專利技術，開發了 Polaris 3D 印表機（見圖 5-42）。該機器使用金屬線材原料而不是粉末，使用電阻和電磁組合加熱，透過陶瓷噴嘴噴射高速熔融金屬液滴。這種突破性的可擴展技術能夠實現高密度部件。Vader 目前採用單噴頭工作，每秒產生 1000 個微滴，並具有微米級精度，可以使用的列印材料有鋁合金（4043，4047，1100，365，6061，7075）、銅和青銅。

　　以色列 XJet 公司是納米噴射（nano particle jetting，NPJ）3D 列印技術的開發者，其在 2016 年推出 Carmel700 和 Carmel1400 兩款 3D 印表機，都採用 XJetCarmelAM 系統。系統會將一種含有金屬納米粒的液體墨水噴射到基板上，然後再按常規方法一層層地構建對象。成形腔內的高溫會使液體蒸發，留下一個固體金屬零件。該技術每秒可沉積 2.22 億滴液滴，帶來了前所未有的生產速度和無與倫比的尺寸精度。採用 NPJ

技術列印的金屬製品如圖 5-43 所示。經過進一步的開發，NPJ 技術也能用於 3D 列印陶瓷零件。

圖 5-42　Polaris 3D 印表機

圖 5-43　XJetCarmelAM 系統的 3D 列印金屬製品

5.5.3　陶瓷噴射成形設備

XJet 公司使用噴墨沉積金屬材料進行 3D 列印取得成功後，又開發出了陶瓷納米顆粒噴射技術，用於 3D 列印陶瓷坯件。這些坯件隨後會被燒結形成零件，其支撐結構可以手動拆除，製品如圖 5-44 所示。

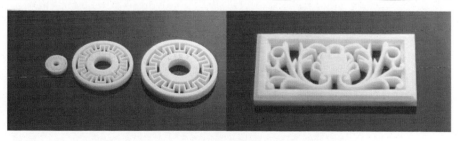

圖 5-44　XJet 公司採用 NPJ 技術生產的陶瓷製品

參考文獻

[1] 郭璐. 3D 打印技術發展綜述[J]. 工業技術創新, 2016, 3 (6): 1288-1292.

[2] 郭瑞松, 齊海濤, 郭多力, 等. 噴射打印成形用陶瓷墨水製備方法[J]. 無機材料學報, 2001, 16 (6): 1049-1054.

[3] Blazdell P F, Evans J R G. Application of a continuous ink jet printer to solid freeforming of ceramics [J]. Journal of Materials Processing Tech, 2000, 99 (1): 94-102.

[4] Slade C E. Freeforming Ceramics Using a Thermal Jet Printer [J]. Journal of Materials Science Letters, 1998, 17 (19): 1669-1671.

[5] De Gans B J, Duineveld P, Schubert U. Inkjet Printing of Polymers: State of the Art and Future Developments[J]. Advanced Materials, 2004, 16 (3): 203-213.

[6] 朱東彬, 楚銳清, 張曉旭, 等. 陶瓷噴墨打印機理研究進展[J]. 機械工程學報, 2017, 53 (13): 108-117.

[7] Le H P. Progress and Trends in Ink-jet Printing Technology[J]. Journal of Imaging Science & Technology, 1998, 42 (1): 49-62 (14).

[8] Wu H C, Lin H J. Effects of Actuating Pressure Waveforms on the Droplet Behavior in a Piezoelectric Inkjet[J]. Materials Transactions, 2010, 51 (12): 2269-2276.

[9] Xu C, Chai W, Huang Y, et al. Scaffold-free inkjet printing of three-dimensional zigzag cellular tubes. [J]. Biotechnology & Bioengineering, 2015, 109 (12): 3152-3160.

[10] Chen A U, Basaran O A. A new method for significantly reducing drop radius without reducing nozzle radius in drop-on-demand drop production[J]. Physics of Fluids, 2002, 14 (1): L1-L4.

[11] Wu H C, Lin H J. Effects of Actuating Pressure Waveforms on the Droplet Behavior in a Piezoelectric Inkjet[J]. Materials Transactions, 2010, 51 (12): 2269-2276.

[12] 張楠, 林健, 王同舉, 等. 用於打印柔性導線的液態金屬微滴製備過程研究[J]. 電子元件與材料, 2018, v.37; No.317 (07): 5-11.

[13] 肖淵, 申松, 張津瑞, 等. 微滴撞擊織物表面沉積過程建模研究[J]. 東華大學學報 (自然科學版), 2017 (3).

[14] 肖淵, 吳姍, 劉金玲, 等. 織物表面微滴噴射反應成形導電線路基礎研究[J]. 機械工程學報, 2018, 54 (7): 216-222.

[15] Lee M. Design and operation of a droplet deposition system for freeform fabrication of metal parts[J]. Journal of Engineering Materials & Technology, 2001, 123 (1): 74-84.

[16] Zhang D, Qi L, Luo J, et al. Geometry control of closed contour forming in uniform micro metal droplet deposition manufacturing [J]. Journal of Materials Processing Technology, 2017, 243: 474-480.

[17] Yamaguchi K, Sakai K, Yamanaka T.

Generation of three-dimensional micro structure using metal jet[J]. Precision Engineering, 2000, 24 (1) : 2-8.

[18] Cao W, Miyamoto Y. Freeform fabrication of aluminum parts by direct deposition of molten aluminum [J] . Journal of Materials Processing Technology, 2006, 173 (2) : 209-212.

[19] Luo Z, Wang X, Wang L, et al. Drop-on-demand electromagnetic printing of metallic droplets[J]. Materials Letters, 2017, 188: 184-187.

[20] De Gans B J, Duineveld P, Schubert U. Inkjet Printing of Polymers: State of the Art and Future Developments[J]. Advanced Materials, 2010, 16 (3) : 203-213.

[21] Gans B J D, Kazancioglu E, Meyer W, et al. Ink-jet Printing Polymers and Polymer Libraries Using Micropipettes[J]. Macromolecular Rapid Communications, 2004, 25 (1) : 292-296.

[22] Jiao Z, Li F, Xie L, et al. Experimental research of drop-on-demand droplet jetting 3D printing with molten polymer: Research Article[J]. Journal of Applied Polymer Science, 2018, 135 (9) : 45933.

[23] 解利楊, 馬潤梅, 遲百宏, 等. 工藝參數對聚合物熔體噴射成滴的影響[J]. 中國塑料, 2016, 30 (8) : 55-59.

[24] Blazdell P F, Evans J R G, Edirisinghe M J, et al. The computer aided manufacture of ceramics using multilayer jet printing [J]. Journal of Materials Science Letters, 1995, 14 (22) : 1562-1565.

[25] Teng W D, Edirisinghe M J, Evans J R G. Optimization of Dispersion and Viscosity of a Ceramic Jet Printing Ink[J]. Journal of the American Ceramic Society, 1997, 80 (2) : 486-494.

[26] Tay B Y, Edirisinghe M J. Investigation of some phenomena occurring during continuous ink-jet printing of ceramics[J]. Journal of Materials Research, 2001, 16 (2) : 373-384.

[27] X Z, Evans J R G, Edirisinghe M J, et al. Direct Ink-Jet Printing of Vertical Walls [J]. Journal of the American Ceramic Society, 2002, 85 (8) : 2113-2115.

[28] Calvert P. Hydrogels for Soft Machines[J] . Advanced Materials, 2009, 21 (7) : 743-756.

[29] Lee W, Debasitis J C, Lee V K, et al. Multi layered culture of human skin fibroblasts and keratinocytes through three-dimensional freeform fabrication[J]. Biomaterials, 2009, 30 (8) : 1587-1595.

[30] Jain R K, Au P, Tam J, et al. Engineering vascularized tissue[J]. Nature Biotechnology, 2005, 23 (7) : 821-823.

[31] Atala A, Bauer S B, Soker S, et al. Tissue-engineered autologous bladders for patients needing cystoplasty. [J]. Lancet, 2006, 367 (9518) : 1241-1246.

[32] Mehesz A N, Brown J, Hajdu Z, et al. Scalable robotic biofabrication of tissue spheroids [J] . Biofabrication, 2011, 3 (2) : 025002.

[33] Wüst, Silke, Müller, et al. Controlled Positioning of Cells in Biomaterials-Approaches Towards 3D Tissue Printing [J]. Journal of Functional Biomaterials, 2011, 2 (3) : 119-154.

[34] Boland T, Tao X, Damon B J, et al. Drop-on-demand printing of cells and materials for designer tissue constructs[J] . Materials Science & Engineering C, 2007, 27 (3) : 372-376.

[35] Dellinger J G. Robotic deposition of model hydroxyapatite scaffolds with multiple architectures and multiscale porosity for bone tissue engineering[J]. Journal of Bio-

medical Materials Research Part A, 2010, 82A (2)：383-394.

[36]　Koch L, Kuhn S, Sorg H, et al. Laser Printing of Skin Cells and Human Stem Cells［J］. Tissue Eng Part C Methods, 2010, 16 (5)：847-854.

[37]　　　Cui　X,　Boland　T. Human microvasculature fabrication using thermal inkjet　printing　technology　［ J ］. Biomaterials,　2009,　30　（ 31 ）：6221-6227.

[38]　Xu T, Gregory C A, Molnar P, et al. Viability and electrophysiology of neural cell structures generated by the inkjet printing method［J］. Biomaterials, 2006, 27 (19)：3580-3588.

[39]　Khalil S, Nam J, Sun W. Multi-nozzle deposition for construction of 3D biopolymer tissue scaffolds［J］. Rapid Prototyping Journal, 2005, 11 (1)：9-17.

[40]　趙佳睿, 楊穎. 3D 噴墨打印光固化材料專利技術綜述［J］. 科技創新與應用, 2017 (19).

第6章
黏合劑噴射
成形技術

　　黏合劑噴射（binder jetting，BJ）顧名思義是一種透過噴射黏合劑使粉末成形的積層製造技術。和雷射燒結技術類似，該工藝也使用粉末床（powder bed）作為基礎，但不同的是，該技術使用噴墨列印頭將黏合劑噴到粉末裡，從而將一層粉末在選擇的區域內黏合，每一層粉末又會同之前的粉層透過黏合劑的滲透而結合為一體，如此層層疊加製造出三維結構的物體。

　　黏合劑噴射成形技術是一種基於離散堆疊思想和微滴噴射的積層製造方法，最早是麻省理工學院（MIT）於 1990 年代初期開發的，屬於非成形材料微滴噴射成形範疇。Emanual Sachs 在 1989 年申請的 3DP（three-dimensional printing）專利也是該範疇的核心專利之一。1992 年，麻省理工學院 Emanual Sachs 等人利用平面印表機噴墨的原理成功噴射出黏性溶液，結合三維積層製造的思路，以粉末為原料生產獲得三維實體，也就是三維印刷（3DP）工藝。1995 年，Jim Bredt 和 Tim Anserson 在噴墨印表機的基礎上進行改進，把黏合劑噴射到粉末床之上完成實體製造。儘管 BJ 工藝是於 1990 年代提出的，但經過了十幾年的發展，直到 2010 年才形成商業化。

6.1　黏合劑噴射成形技術的基本原理

　　黏合劑噴射成形技術具有加工處理金屬/合金（包括鋁基、銅基、鐵基、鎳基和鈷基合金等）、陶瓷（包括玻璃、沙子、石墨等）、石膏、聚合物（包括聚甲基丙烯酸甲酯、聚甲醛、聚苯乙烯、聚乙烯、石蠟等）、鑄造沙以及製藥應用的有效成分等的能力。理論上黏合劑噴射成形技術可以使用任何粉末形式的材料並且可以進行彩色印刷。由於黏合劑噴射成形技術在建造過程中不涉及加熱，與選擇性雷射熔融技術和電子束熔融技術不同，在零件中不會產生殘餘應力，故目前更傾向於採用黏合劑噴射成形技術加工生產金屬/陶瓷基兩種材料的製品。金屬/陶瓷是固體粉末態，黏合劑通常為液態，黏合劑材料將金屬/陶瓷粉末材料黏合在層間和層內。

　　黏合劑噴射成形技術列印流程與其他積層製造列印過程類似。具體如圖 6-1 所示，首先需要建立三維模型，並轉換為 STL 格式文件，規劃列印路徑生成相應代碼，確定粉體材料，確定黏合劑材料；在成形坯製造階段，先在列印平臺上平鋪一薄層原料粉末，列印頭選擇性地將黏合劑液滴沉積到粉末床中，液滴與粉末顆粒發生黏結作用後形成的固態單元為該列印層的基元，一旦印刷完一層，粉末進料活塞上升，製造活塞

下降，反向旋轉的輥子在前一層的頂部擴散一層新的粉末。如此層層疊加，得到一個初步黏結而成的坯體。

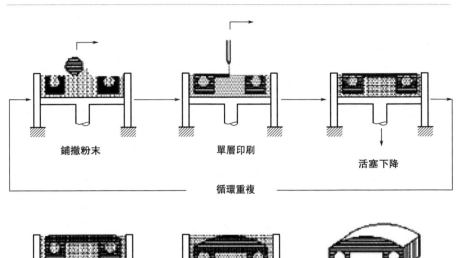

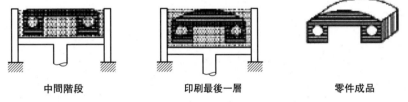

圖 6-1　黏合劑噴射成形技術的列印流程

　　由於黏合劑噴射成形技術所生產的坯體強度通常較低，還需要進行一系列後處理，如固化、脫粉、燒結、滲透、退火和精加工。

　　按照列印方式對黏合劑噴射成形技術進行區分，可以分為熱發泡式（例如美國 3D Systems 公司的 Zprinter 系列，原屬 Z Corporation 公司）、壓電式 3D 列印（例如美國 3D Systems 公司的 ProJet 系列以及以色列 Objet 公司的 3D 列印設備）、投影式 3D 列印（例如德國 Envisiontec 公司的 Ultra、Perfactory 系列）等。

　　目前黏合劑噴射成形技術可應用於以下幾個方面。

　　（1）微型裝置製造

　　黏合劑噴射成形技術精度基於列印噴頭而定，隨著噴頭技術的發展，微噴射黏合成形工藝的精度也在迅速提高，高達 0.01mm，可以用於製造微型裝置。

　　（2）複雜結構體製造

　　黏合劑噴射成形技術由於工藝原因可以製造結構複雜的零件而不受其形狀的制約，對於複雜模型的製造有很大的優勢。

（3）藥物製劑

黏合劑噴射成形技術可以用於具有複雜多孔結構緩釋藥物的生產，精確控制不同位置藥物的材料與含量，使藥物濃度保持在最佳水平，減少藥物浪費並提高治療效果。

（4）醫學組織工程

黏合劑噴射成形技術在成形材料的選擇方面十分廣泛，在生物方面比其他快速成形方式有著無可比擬的優勢，可以製造人體組織用以修復和改善人體器官狀況，在醫學方面有著很大的應用前景。

（5）快速制模

黏合劑噴射成形技術可用於模具的快速製造，利用噴射的樹脂黏合劑黏結砂型粉末材料，即可得到成形精度高的複雜形狀的模具。

Z Corp 公司使用石膏（plastor）作為主要的材料，依靠石膏和以水為主要成分的黏合劑之間的反應而成形。Z Corp 產品最大的亮點當屬全彩列印，這在 Objet 等公司尚未出現的時候成了唯一一種可以列印全彩的技術。如同紙張噴墨印表機一樣，黏合劑可以被著色，並且依靠基礎色混合（CMYK）而將粉末著色，從而製造出如圖 6-2 所示的在三維空間內都具備多種顏色的模型。這種方式製造出的模型多用於快速成形和產品設計時所製造的模型。Z Corp 在 2012 年被 3D Systems 公司收購，並被開發成了 3DS 的 colorjet 系列印表機。

圖 6-2　黏合劑噴射成形技術全彩列印模型

　　使用黏合劑噴射成形技術列印金屬的技術被 ExOne 公司（曾命名 ProMetal）所商業化。當製造金屬零件時，金屬粉末被一種主要功能成分為 thermosetting 高分子的黏合劑所黏合而成形為原型件，之後原型件從 3D 印表機中取出並放到熔爐中燒結得到如圖 6-3 所示的金屬成品。由於燒結後的零件一般密度較低，因此為了得到高密度的成品，ExOne 還會將一種低熔點的合金（如銅合金）在燒結過程中滲透（infiltrate）到零件中。儘管最初 ExOne 製造的產品多以不鏽鋼為主，但如今已有多種金屬材料（如鎳合金 Inconel），以及陶瓷材料（如 tungsten carbide）可供選擇，並在經過一些特殊的後處理技術處理後可以達到 100％的密度。

圖 6-3　ExOne 全密度金屬直接成形

　　利用黏合劑噴射成形技術製造金屬的還有一種非直接的方式——鑄造（sandcasting）。鑄造用砂透過黏合劑噴射成形技術成形模具，之後便可用於傳統的金屬鑄造。這種製造方式的特點是在繼承了傳統鑄造的特點和材料選項的同時，還具備積層製造的特點（如可製造複雜結構等）。Voxeljet 是歐洲的一家黏合劑噴射成形設備生產商專門用於鑄造模具生產的設備，但該公司並沒有涉足金屬的直接製造（directmetal manufacturing）。

6.2　黏合劑噴射成形技術的優缺點

　　黏合劑噴射成形技術在金屬、陶瓷和部分脆性原料加工方面相較於選擇性雷射熔融技術和電子束熔融技術有著獨特的優勢，可加工製品體

積也明顯優於其他快速成形工藝，故該工藝在提出之後 20 多年得到了廣泛的研究發展。

（1）黏合劑噴射成形技術的優點

① 不需要額外的支撐結構來創建懸垂特徵　粉末床本身可以實現對於成形坯的支撐功能，不需要在列印過程中將整個零件固定在粉末底部的基座上，這一點和選擇性雷射燒結很相似。這樣有效地省去了列印和去除支撐結構所消耗的原料及時間成本，多餘粉末的去除也比較方便，特別適合做如圖 6-4 中所示的內腔較複雜的藝術設計產品原型。

圖 6-4　Hoganas 的藝術設計產品

② 成形與燒結過程分開，不存在殘餘應力　工藝設備雖然具有粉末床但卻沒有粉末床熔融的過程，而是將粉末的三維成形過程與金屬燒結的過程相剝離。由此帶來的最大的好處就是成形過程中不會產生任何殘餘應力；成形坯後期處理過程中可以充分利用從傳統的粉末冶金工藝中獲得的認識。

③ 可堆疊多個部件一次成形　由於構建部件位於未黏合的鬆散粉末床上，因此，整個構建體積可以堆疊多個部件，彼此間隙甚至允許僅有幾層層厚。

④ 材料選擇範圍廣　由於黏合劑噴射成形技術的成形過程主要依靠黏合劑和粉末之間的黏合，因此眾多材料都可以被黏合劑黏成形。同時，在傳統粉末冶金中可以燒結的金屬和陶瓷材料又有很多，因此很多材料都具備可以使用黏合劑噴射成形技術製造的潛力。

⑤ 一機可同時兼容多種類型的材料　黏合劑噴射成形工藝的印表機可以具有很大的材料選擇靈活性，不需要為材料而改變設備或者主要參

數。目前可以使用黏合劑噴射成形技術直接製造的金屬材料包括多種不鏽鋼、銅合金、鎳合金、鈦合金等。

⑥ 非常適合用於大尺寸的製造和大批量的零件生產　由於黏合劑噴射成形的印表機不需要被置於密封空間中，而且噴頭相對便宜，從而在不大幅增加成本的基礎上可以製造具有非常大尺寸的粉末床和大尺寸的噴頭。外加噴頭可以進行如圖 6-5 所展示的陣列式掃描而非雷射點到點的掃描，因此進行大尺寸零件列印時列印速度也是可以接受的，並且可以透過使用多個噴頭而進一步提高速度。例如，ExOne 用於鑄造模具列印的 Exerial 印表機就具有 2200mm×1200mm×700mm 的製造尺寸。Voxeljet 甚至透過一種傾斜式粉末床的設計從而可以製造在一個維度上無限延伸的零件。

圖 6-5　黏合劑噴射成形技術設備的陣列式噴頭

⑦ 適合製造一些使用雷射或電子束燒結（或熔融）有難度的材料　一些材料有很強的表面反射性，從而很難吸收雷射能量或對雷射波長有嚴格的要求；再如一些材料導熱性極強，很難控制熔融區域的形成，從而影響成品的品質。而這些材料在黏合劑噴射成形技術的應用中都成功避免了這些問題。

（2）黏合劑噴射成形技術的缺點

① 製造金屬或陶瓷材料時的密度低　與金屬噴射鑄模或擠壓成形等粉末冶金工藝相比，黏合劑噴射成形技術成形的初始密度較低，因此最終產品經過燒結後密度也很難達到 100％。儘管這種特性對於一些需要疏鬆結構的應用有益處（如人造骨骼、自潤滑軸承等），但對於多數要求高強度的應用卻是不令人滿意。但是在藉助一些後處理的情況下，很多金

屬材料還是可以達到 100％密度的。

② 初始製品強度低　製品由粉末材料和黏合劑黏合而成，強度較低，故黏合劑噴射成形技術直接列印的初始製品通常用作概念型模型或裝飾品；使用金屬、陶瓷等粉末材料作為原料生產具有一定強度的製品，需要對列印產品進行後處理，包括固化、脫脂、燒結等一系列處理，通常需要消耗大量時間。

③ 製品是由粉末原料黏合生產而成，故表面會存在顆粒狀的凸起，手感粗糙。

6.3　黏合劑噴射成形技術的適用材料

6.3.1　黏合劑

黏合劑噴射成形技術中所使用的黏合劑總體上大致分為固體和液體兩類。固體黏合劑包括聚乙烯醇（PVA）粉、糊精粉末、速溶泡花鹼等。液體黏合劑可分為以下幾個類型：一是自身具有黏結作用的，如徐路釗研究的 UV 固化膠；二是本身不具備黏結作用的，而是用來觸發粉末之間的黏結反應的，如王位研究的去離子水等；三是本身與粉末之間會發生反應而達到黏結成形作用的，如 Sachs E M 等人研究用於氧化鋁粉末的酸性硫酸鈣黏合劑。目前液體黏合劑應用較為廣泛。同時為了滿足最終列印產品的各種性能要求，針對不同的黏合劑類型，常常需要在其中添加促凝劑、增流劑、保濕劑、潤滑劑、pH 調節劑等多種發揮不同作用的添加劑。

不同的原料粉末體系對應不同的黏合劑體系，因此隨著黏合劑噴射成形技術的迅猛發展，對黏合劑的需要也不斷提高。王位等人透過加入丙三醇、表面活性劑 K_2SO_4、Surfynol465 等得到了各項指標符合要求的水基黏合劑，並採用 Z310 型印表機製作石膏型 logo 和工藝品。錢超等人使用納米羥基磷灰石（HA）粉末，以聚乙烯醇（PVA）粉為黏合劑、聚乙烯吡咯烷酮（PVP）為輔助黏合劑，列印製備出各項性能參數滿足要求的多孔羥基磷灰石植入體。周攀等人以馬鈴薯糊精作為黏合劑、聚丙烯酸鈉為分散劑，對所配的 Al_2O_3 基陶瓷混合粉末進行列印，研究了混合粉末中黏合劑含量對成形性能、列印件尺寸精度和力學性能的影響。

　　總體來講，黏合劑選擇標準主要集中在：黏合劑與原料粉末之間的相互作用（潤濕性和滲透性）；後處理中脫黏合劑時的黏合劑殘留物。這兩點直接影響著原坯成形精度以及最終製品的機械強度。

6.3.2　列印材料

　　目前黏合劑噴射成形技術所適用的原材料主要包括金屬/合金（包括鋁基、銅基、鐵基、鎳基和鈷基合金）、陶瓷（包括玻璃、沙子、石墨等）、石膏、聚合物、鑄造沙以及製藥應用的有效成分等。粉末是根據其粒度分布、形態和化學組成來選擇的，通常認為在黏合劑噴射成形技術列印所用粉末的粒徑範圍內，粉末直徑越小，流動性越差，製件內部孔隙率大，但所得製件的品質和塑性較好；粉末直徑越大，流動性越好，但列印精度較差。同時選用金屬或陶瓷等需要燒結的原料加工時，若採用低密度粉末床和超出設備處理能力的超細粉末，會導致原型坯孔隙度難以消除。

　　以金屬列印為例，Yun Bai 等人對黏合劑噴射成形技術以銅為原料進行研究，發現在後處理中，為了降低所需的燒結溫度和改善緻密性，優選細粉末。然而，在黏合劑噴射中，通常優選大於 $20\mu m$ 的顆粒，以便在重塗步驟中粉末可以成功地擴散。可以使用小顆粒，但是需要控制在較小的體積百分比，一般不能小於 $1\mu m$。球形顆粒形狀優於不規則形狀，因為它在再塗過程中趨於流動，並且更容易用黏合劑潤濕，圖 6-6 所示為 Yun Bai 等人製作原型坯的過程。

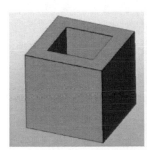

圖 6-6　以銅粉為原料，以 PM-B-SR-1-04 為黏合劑所列印的原型坯

　　大直徑粉適合鋪展和包裝，但由於低燒結驅動力，會顯著地抑制燒結緻密化。小直徑粉末優選用於燒結，然而，粉末床通常填充性差，並且由於粉末的低流動性和易結塊性，粉末重塗困難，黏合劑脫去後最終

製品也會存在孔隙，難以在航空航太等領域作為結構件生產工藝廣泛應用。

　　黏合劑噴射成形技術製得全密度製品有以下幾種方法，透過黏合劑噴射製成的金屬部件通常用較低熔點的材料滲透以獲得完全密度，目前已發現可使用噴霧乾燥的顆粒和基於漿料的粉末來克服重新塗覆小直徑粉末的困難；粉末壓實機制也可提高成形室中粉末堆積密度，液相燒結機制或優化的燒結參數可以一定程度提高燒結密度，壓力輔助燒結也已被證明能夠在陶瓷的黏合劑噴射中達到全密度。

　　Yun Bai 等人以銅為原料探究黏合劑噴射成形技術列印全密度製品的方法，發現與用單微粉末印刷的部件相比，使用雙峰粉末混合物改善了粉末的填充密度（8.2％）和流動性（10.5％），並且增加了燒結密度（4.0％），同時還減少燒結收縮率（6.4％）。分析認為小顆粒填充大顆粒之間的孔隙所得到的粉末混合物在列印過程中有許多益處，不但可以改善的生坯部分性能（密度和強度），還能減小燒結後的收縮率。這主要是由於當雙峰混合粉末用於黏合劑噴射時，原型坯密度增加且小顆粒具有高燒結驅動力。總結得出，當粉末混合物含有燒結收縮率大的小顆粒和燒結收縮率小的大顆粒時，僅使用小顆粒可獲得最高密度；當粉末混合物是具有小燒結收縮率的小顆粒和具有大燒結收縮率的大顆粒的組合時，採用雙峰混合物可達到最高密度。

　　往基體粉末中加入不同的添加劑也可以提高列印精度和列印強度。例如加入卵磷脂，可保證列印製件形狀，並且還可以減少列印過程中粉末顆粒的飄颺；混入 SiO_2 等一些粉末，可以增加整體粉末的密度，減小粉末之間的孔隙，提高黏合劑的滲透程度；加入聚乙烯醇、纖維素等，可造成加固粉末床的作用；加入氧化鋁粉末、滑石粉等，可以增加粉末的滾動性和流動性。

6.4　黏合劑噴射成形設備

　　以主要加工金屬粉末的設備為例，黏合劑噴射成形工藝的列印系統從理論上一般分為三大塊：鋪粉系統、噴射系統、三維運動系統。如圖 6-7所示，鋪粉系統包括鋪粉輥筒、供粉機構；噴射系統包括列印噴頭和連供墨盒；三維運動系統包括粉腔升降機構、步進電機、導軌、減速器、光柵等。

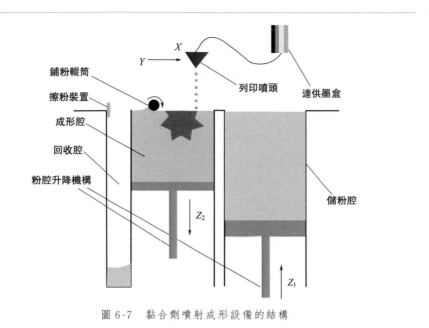

圖 6-7 黏合劑噴射成形設備的結構

6.4.1 鋪粉系統

與其他積層製造工藝相同，切片層厚度越小，製品表面精度就越高，故在黏合劑噴射成形工藝中若要提高製品表面品質，需要原料粉末粒徑相對小，這對鋪粉系統提出較高的要求，鋪粉系統包括鋪粉輥筒、供粉機構。

（1）鋪粉輥筒

鋪粉輥筒結構如圖 6-8 所示，包括軸承、支座、擋粉板、鋪粉輥筒、聯軸器、直流電機，其中鋪粉輥筒最為重要，製造精度和安裝精度直接影響著鋪粉的品質。

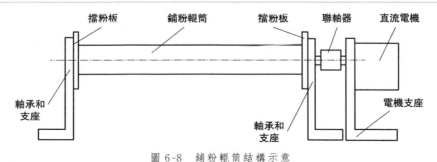

圖 6-8 鋪粉輥筒結構示意

（2）供粉機構

供粉機構中主要包括成形腔和儲粉腔兩個倉體，其結構如圖 6-9 所示，通常由電機驅動，考慮到列印層厚較小，故設置減速器與電機直接相連，原理如下：成形腔和自身對應的絲槓和導軌固定在一起，當步進電機轉動的時候，力經由減速器傳遞給螺帽套件，螺帽套件驅動活塞上升或是下降。儲粉腔的運動原理與成形腔相同。

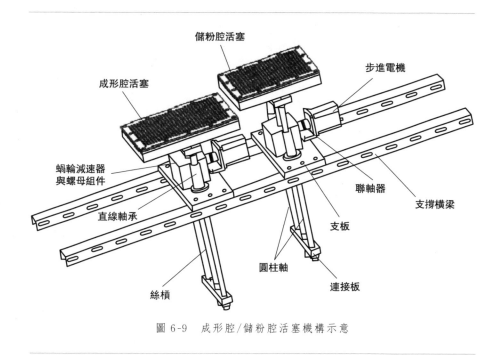

圖 6-9　成形腔／儲粉腔活塞機構示意

6.4.2　噴射系統

噴射系統所起的作用是將墨水（可能混合有黏合劑）按需噴到事先鋪好的粉末上，噴頭單位面積上噴孔數目越多，噴孔直徑越小，噴頭的解析度也就越高。如果噴孔直徑太大，噴出的墨水就越多，這樣就有可能使得多餘的粉末被黏起來，影響成形精度。

同時，採用陣列式噴頭需要注意以下幾點：各個噴頭直徑應盡可能一致，否則黏合劑擠出量不均勻，會對製品品質產生較大影響；噴頭體積應適當減小，這樣可以在同樣的體積排布更多噴頭，列印速度和精度均可提高，但不可過小，以免出現黏合劑無法順利擠出的情況。

6.4.3 三維運動系統

三維運動系統與其他快速成形工藝（如 SLS、EBM、FDM 等）類似，主要控制列印平臺和噴頭在三維空間中精確運動，按照切片軟體規劃路徑完成列印操作。

6.5 黏合劑噴射工藝控制系統

三維列印技術中軟體分為兩大類：切片軟體和控制軟體。為了方便使用者操作，國外生產三維印表機的公司，例如美國的 Z 公司和德國的 Voxel Jet 公司，則將兩者合而為一，封裝成一個。但是從理論上來說，軟體系統的功能就兩個：將所需三維模型進行切片，變成若干個二維圖形；控制三維印表機 X、Y、Z 三個方向的運動，控制噴頭噴射運動。

作為可以列印高精度彩色三維模型的成形技術，黏合劑噴射成形工藝可以採用列印頭單色噴印、鋪粉系統完成彩色粉末的鋪粉運動，或是透過噴射系統的列印頭將四種不同顏色墨水進行混合形成彩色的墨水噴印至單色粉末上，最終成形彩色模型。該技術對色彩的控制精度可以達到像素級別，惠普甚至引入了一個新的概念「體素」（一種直徑僅為 $50\mu m$ 的 3D 度量單位，相當於一根頭髮的寬度），且惠普的 3D 印表機能夠在「體素」級改變色彩、質感、調整機械特性，每秒最高能列印 3.4 億個體素，列印解析度在 X-Y 平面為 1200dpi，這自然對控制方面有著極其嚴格的要求。

6.5.1 單色切片

國際上已經有很多公司開發出了獨立的切片軟體，例如美國 Materialise 公司開發的 Magics 軟體。使用該軟體得到的切片文件無法紀錄製件的顏色，因此所得的製件最終是單色。但是該軟體功能強大，滿足基本使用要求，其主要特點有：在該軟體中能清楚地看到零件（保存格式為 STL）的絕大多數細節，且能進行簡單的復製或剪切、標註、測量、鏡像、拉伸、偏移、分割、抽殼、陣列等操作；能夠對零件的三維模型進行錯誤檢測，並對發現的錯誤進行修復；能接收 Pro/E、Solidworks、UG、CATIA 等主流三維製圖軟體所生成的 STL 文件；Z 軸補償提高了豎直方向上的精度。

6.5.2　彩色切片

　　STL 文件作為切片軟體最為常用的輸入文件，有著結構簡單、適用範圍廣等特點，該文件格式是以三角面片的形式儲存三維模型，將每個三角面片的頂點、法向量的空間坐標（X、Y、Z）儲存起來，但會造成相鄰的三角面片的部分頂點重複儲存的情況，造成數據儲存冗餘。此外，STL 文件對實現彩色切片最大的缺陷是其沒有儲存三維 CAD 模型的顏色資訊，這也就意味著列印出的零件都是單色的，不是彩色的。因為一般的模型在通常情況下是彩色的，因此這一不足限制了三維列印技術的應用，特別是模型製造的發展。

　　因此，需要開發一種能夠儲存三維 CAD 彩色模型顏色資訊的文件格式，比較有代表性的就是以 VRML97 作為三維 CAD 彩色模型文件的輸出格式。VRML97 是一種虛擬建模語言，它以節點的形式來儲存三維模型資訊，透過對節點的索引來獲取幾何資訊。節點的種類不同，表達的模型資訊也不一樣，具體包括尺寸外觀節點（Shape、Appearance）、基本幾何體節點（Box、Cylinder、Cone、Sphere）、顏色節點（Color）、材料節點（Material）、幾何資訊（點、線、面）節點（PointSet、Normal、IndexedLineSet、IndexedFaceSet、Coordinate）等。簡單的三維模型只需要一組節點來描述就可以了，複雜的三維模型則需要多組節點的嵌套才能將模型描述清楚。表 6-1 中詳細比較了兩者的優缺點。

表 6-1　STL 與 VRML97 型文件特性比較

類型	STL	VRML97
數據結構	簡單，數據量大	結構好，數據量小
紀錄方式	重複紀錄，存在大量冗餘數據	索引方式，無冗餘數據
相鄰關係	無	有
顏色模型	單色	RGB 24 位真彩色
單文件部件數	1 個	多個

　　透過全部上色或表面上色兩種方法實現對三維模型顏色資訊的儲存。將上色完成後的三維模型的幾何數據、顏色資訊、材質資訊等數據資訊進行提取，完成模型的可視化工作，並透過一定的渲染方式實現模型的重構。重構完成的模型首先讀取其中攜帶的幾何數據和顏色資訊，再根據一定的切片厚度沿著 Z 軸方向進行分層，將過程中得到的交點和交線資訊進行連接，即可得到每一層的二維輪廓和其中的顏色資訊，對讀取

得到的資訊進行拓撲關係的建立，得到點點、點面、面面之間的拓撲關係，最終得到了各層的彩色二位截面輪廓。

6.6 黏合劑噴射成形的技術進展

黏合劑噴射成形技術的發展經歷了由軟材料到硬材料、由單噴頭線掃描印刷到多噴頭面掃描印刷、由間接製造到直接製造的過程，在列印速度、製件精度和強度等方面的研究也都相對較為成熟，已經在多個領域中發揮著重要的作用，已應用在生物醫學、醫療教學、航空航太、模具製造、工藝品製造等諸多領域。

中國目前對黏合劑噴射工藝研究較多的大學有華中科技大學、哈爾濱理工大學、上海交通大學、華南理工大學、南京師範大學、西安理工大學等，研究重點也各有不同。其他一些高校和地方企業也對該技術產生了濃厚的興趣並展開了一定的研究工作，如南京寶岩自動化有限公司、杭州先臨三維科技股份有限公司等都自主研發出了各自類型的黏合劑噴射成形工藝印表機。

國外學者對黏合劑噴射成形工藝的研究主要集中在黏合劑、列印材料、列印工藝過程以及列印後處理工藝等方面。

6.6.1 成形過程研究進展

列印工藝參數是影響最終製品品質的一個重要因素，透過優化列印參數可以有效提高製品精度和強度。黏合劑噴射工藝中如層高、飽和度、製品方位、噴頭與粉層間距、列印速度、鋪粉輥轉速、列印溫度等都會對製品產生影響。透過電腦仿真、正交試驗、各類演算法和數學建模等，能夠有效地優化列印軌跡和列印工藝參數，以保證所得列印製件各方面的品質。

飽和度 S 描述了由黏合劑體積占據的粉末顆粒之間的空隙百分比 V_{air}。飽和度由式(6-1) 和式(6-2) 確定，並且基於粉末床的填充密度 PR 和固定顆粒在限定的包封中的體積 V_{solid}。V_{binder} 為黏合劑噴射 3D 列印過程中用於黏結粉末顆粒所消耗的黏合劑體積。

$$S = \frac{V_{binder}}{V_{air}} \qquad (6\text{-}1)$$

$$V_{air} = \left(1 - \frac{PR}{100}\right) \times V_{solid} \qquad (6\text{-}2)$$

飽和度需要仔細選擇，因為它會影響列印製品品質以及最終的燒結密度，足夠的黏合劑飽和度可以保證原型坯的強度，相反，若黏結了不需要的鬆散粉末或黏合劑燒盡後形成孔隙，粉末的過飽和會影響尺寸誤差和低燒結密度。

李淑娟等透過神經網路演算法構建了列印過程工藝參數和最終列印製件尺寸精度之間的數學模型，並利用遺傳演算法對列印工藝參數進行優化，得到了尺寸精度較高的列印製件。符柳等採用響應曲面法分析了列印層厚、飽和度對列印製件收縮率的影響，建立了合適的數學模型，經過誤差補償，提高了尺寸精度。

6.6.2　砂型列印技術進展

維捷（Voxeljet）公司使用平均晶粒尺寸為 $190\mu m$ 的沙粒，列印層厚 0.4mm，工作 29h 完成如圖 6-10 中所示的柴油發動機缸蓋的砂型模具列印，完整的外部尺寸為 1460mm×1483mm×719mm，且模具不僅具有良好穩定性，也有可拆卸的保護部分。

圖 6-10　維捷（Voxeljet）列印的柴油發動機缸蓋的砂型模具

維捷（Voxeljet）公司還使用如圖 6-11 中所示的 VX4000 印表機，成功為 Nijhuis 公司的一款重達 800kg 的泵與葉輪完成砂模列印工作，高性能的 VX4000 印表機構建尺寸高達 4m×2m×1m，砂模的尺寸為 852mm×852mm×428mm，重量為 269kg，共分為 4 個部分來列印，列印時間為 13h，最終製品如圖 6-12 所示，且列印的砂模性能良好，鑄件沒有出現裂紋以及縮孔現象，在測試中沒有出現漏水、冒汗等現象。

圖 6-11　VX4000 印表機

圖 6-12　Nijhuis 公司大型泵與葉輪

　　瑞典 Digital Metal 公司也推出了高精度的黏合劑噴射金屬 3D 印表機 DM P2500，如圖 6-13 所示。金屬粉末是該公司的部分業務，公司利用其專有的黏合劑噴射成形技術，為超過 20 萬的使用者生產了小型定製的高精度的部件，現在推出的新款金屬 3D 印表機比以前的 3D 印表機更小，能列印更複雜的部分，也可以滿足公司或個人自己使用 DM P2500 3D 印表機列印自己的商業化零部件。Digital Metal 公司方面表示：它是理想的定製零件解決方案，並聲稱它可以列印 $42\mu m$ 層的精度，速度高達 $100cm^3/h$，且列印對象不需要支撐結構。在一般情況下，DM P2500 不僅列印速度快，黏合劑噴射 3D 印表機列印體積更是高達 $2500cm^3$。

圖 6-13　DM P2500 印表機外觀圖

此外，DM P2500 包括 $35\mu m$ 的 XY 解析度和 $Ra6\mu m$ 的平均表面粗糙度。這些數位意味著印表機可以處理「醫療級平滑的複雜架構」，即使是微小的規模。

在砂型列印方面，近年來在國外也取得了快速的發展，一方面由於其技術優勢，適用於多品種小批量的零部件製造以及產品開發；另一個方面是目前製造業面臨轉型升級和創新發展的瓶頸，為 3D 列印技術提供了深耕行業應用的需要。「十三五」規劃以來，鑄造行業作為製造業的基礎行業，面臨產能過剩、產品附加值不高、節能環保、用工荒等嚴峻難題，迫切需要利用數位化、自動化、智慧化技術對傳統鑄造產業進行升級改造。

國外相關政策也在推動技術進步。

美國於 2012 年提出「國家製造業創新網路計劃」，擬以 10 億美元聯邦政府資金支持 15 個製造技術創新中心。2016 年，美國發布了鑄造行業路線圖（2016－2026），針對積層製造和快速消減製造兩方面的發展計劃確定了時間表。

日本於 2014 年啟動 3D 印表機國家項目，其中「超精密 3D 成形系統技術開發」主題以成形鑄造模型的 3D 印表機為對象，資助上限為 5.5 億日元。項目的開發主體「TRAFAM（新一代 3D 沉積成形技術綜合開發機構）」中除日本 CMET 公司之外，還有日本產業技術綜合研究所、群榮化學工業、KOIWAI、木村鑄造所、日產汽車、Komatsu Castex、IHI 等與砂模 3D 印表機有關的成員參與，未來將推出高效高精大尺寸砂模沉積成形印表機。

　　2015 年 5 月 8 日，「中國製造 2025」提出了「創新、協調、綠色、開放、共享」的五大發展新理念，堅持走中國特色的新型工業化道路。中國鑄造行業「十三五」發展規劃堅持品質和品牌、創新驅動、綠色鑄造、結構優化、精益管理、人才培養策略，特別提出，到 2020 年推進兩化深度融合，實現鑄造裝備與工藝「互聯網＋」的新跨越，重點包括：大幅面砂型（芯）3D 列印裝備和相關耗材以及機器人應用；集成其他數位化設計、分析及製造技術；開發數位化近淨成形無模鑄造技術；打造數位化智慧鑄造工廠（工廠）。關鍵共性鑄造技術——工藝分類中包括：應用於鑄造生產的 3D 列印和砂型銑削快速成形技術。優先發展的重大鑄造裝備中包括：鑄造 3D 列印和砂型銑削快速成形設備。2018 年 1 月 31 日，中國工信部印《首臺（套）重大技術裝備推廣應用指導目錄（2017 年版）》中包括「鑄造用工業級砂型 3D 印表機」。

6.6.3　後處理工藝研究現狀

　　由於黏合劑噴射成形工藝採用粉末堆積、黏合劑黏結的成形方式，得到的成形件會有較多的孔隙，因此列印完成後列印坯還需要合理的後處理工序來達到所需的緻密度、強度和精度。目前，列印件緻密度和強度方面常採用低溫預固化、等靜壓、燒結、熔滲等方法來保證，精度方面常採用去粉、打磨拋光等方式來改善。

　　（1）去粉

　　成形坯如果具有一定強度，則可以直接從粉末床中取出，然後將坯體周圍粉末掃去，剩餘較少粉末或內部孔道內未黏結的粉末可透過氣體吹除、機械振動、超音波振動等方法去除，也可以浸入到特製溶劑中除去。如果列印坯強度較低，直接取出容易破裂，則可以用壓縮空氣將乾粉緩慢吹散，然後對成形坯噴固化劑進行加固；部分種類的黏合劑製得的成形坯可以先隨粉末床一起採用低溫加熱，初步完成固化後得到具有一定強度的製品，再採用前述方法進行去粉。

　　（2）等靜壓

　　為了提高製件整體的緻密性，可在燒結前對成形坯進行等靜壓處理。有研究將等靜壓技術與選擇性雷射燒結技術結合獲得緻密性良好的金屬製件，模仿這個過程，研究人員將等靜壓技術與黏合劑噴射工藝相結合以改善製件的各項性能。按照加壓成形時的溫度高低對等靜壓工藝進行劃分，可分為冷等靜壓、溫等靜壓、熱等靜壓三種方式，每種方式都可滿足相應材料體系的應用。Sun W 等人採用冷等靜壓工藝，使得黏合劑

　　噴射成形工藝列印出的 Ti_3SiC_2 覆膜陶瓷粉末製件的緻密性得到了較為明顯的提升，燒結完成後製件的緻密度從 50％～60％提高至 99％。

　　如果沒有二級低熔點材料的滲透，很難實現 100％的密度。Yun Bai 等人研究發現使用熱等靜壓（HIP）作為燒結部件的後處理，以評估其對黏合劑噴射成形工藝中印刷的部件的密度、孔隙率和收縮率的影響。在以銅為原料的基礎上進行研究。結果顯示，使用 HIP 可以將最終零件密度從 92％（燒結後）提高到理論密度 99.7％，從圖 6-14 所示的樣品顯微照片中可以看到明顯差異。

(a) 燒結部分，1.88%孔隙度　　　　　　　(b) HIP部分，0.13%的孔隙率

圖 6-14　HIP 後密度改善的樣品顯微照片

（3）燒結

　　陶瓷、金屬和部分複合材料成形坯一般都需要進行燒結處理，不同的材料體系採用的燒結方式不同。燒結方式有氣氛燒結、熱等靜壓燒結、微波燒結等。Williams C B 等用多孔的馬氏體時效鋼粉末進行列印，並在還原性氣體 Ar-10％H_2 中進行燒結，獲得了強度高、重量輕的製品。通常來講，氮化物陶瓷類宜採用氮氣氣氛燒結，硬質合金類宜採用微波燒結。燒結參數是整個燒結工藝的重中之重，它會影響製件密度、內部組織結構、強度和收縮變形。孫健等將 BJ 工藝用於多孔鈦植入體的製備，氫氣保護下燒結列印坯，透過對不同溫度和保溫時間下燒結件的顯微硬度、結構、孔隙率、抗壓強度等多項性能參數的檢測分析，找出合適的燒結工藝參數，獲得了性能良好的產品。封立運等採用多種燒結工藝及燒結參數，最後分析得出熱解除碳後燒結工藝能有效控制黏合劑噴射成形工藝列印的 Si_3N_4 試樣燒結過程中的收縮變形。Yujia Wang 等人

研究不鏽鋼 316L 燒結參數對線性尺寸精度的影響，發現採用合適的燒結參數，三軸方向尺寸精度最多可以提高 45.34％。

（4）熔滲

列印坯燒結後可以進行熔滲處理，即將熔點較低的金屬填充到坯體內部孔隙中，以提高製件的緻密度，熔滲的金屬還可能與陶瓷等基體材料發生反應形成新相，以提高材料的性能。Carreno-Morellia E 等採用 20Cr13 不鏽鋼粉末得到齒輪列印坯，1120℃ 燒結得到相對密度為 60％ 的燒結件，之後再向其中滲入銅錫合金得到全密度的產品。Nan B Y 等將 BJ 工藝列印好的混合粉末（TiC、TiO_2、糊精粉）初坯，在惰性氣體中燒結得到預製體，再將定量的鋁錠放在其表面，在 1300～1500℃ 下保溫 70～100min 進行反應熔滲，製備出了 Ti_3AlC_2 增韌 $TiAl_3$-Al_2O_3 複合材料。

（5）打磨拋光

為了縮短整個工藝流程，打磨拋光這一項後處理過程是不希望用到的。但由於目前技術的限制，為了使製件獲得良好的表面品質而使用。具體可採用磨床、拋光機或者手工打磨的方式來獲得最終所需要的表面品質，也可採用化學拋光、表面噴砂等方法。

相較於其他金屬積層製造工藝，如 SLS 和 EBM、BJ 工藝在生產脆性製品有獨特的優勢，它不涉及熔化和凝固階段所遇到問題，也不會在列印過程中因熱應力而出現開裂。J. J. S. Dilip 成功使用 Ti6Al4V 和 Al 粉末製備出 Ti-Al 金屬間化合物多孔三維零件。

參考文獻

[1]　Biehl S, Danzebrink R, Oliveira P, et al. Refractive microlensfabrication by ink-jet process[J]. Journal of sol-gel science andtechnology, 1998, 13 (1-3)：177-182.

[2]　Lopes A J, MacDonald E, Wicker, R B. Integratingstereolithography and direct print technologies for 3D structuralelectronics fabrication[J]. Rapid Prototyping Journal, 2012, 18 (2)：129-143.

[3]　Katstra W E. Fabrication of complex oral drug delivery forms by Three Dimensional Printing （tm）［D］. Massachusetts Institute ofTechnology, 2001.

[4]　Langer R, Vacanti J P. Tissue engineering[J]

. Science, 1993, 260: 920-926.

[5]　孟慶華，汪國慶，姜的宏，等．噴墨打印技術在 3D 快速成形製造中的應用[J]．信息記錄材料，2013, 5, 41-51.

[6]　徐路釗．基於 UV 光固化微滴噴射工藝的異質材料數字化製造技術研究[D]．南京：南京師範大學，2014.

[7]　王位．三維快速成形打印技術成形材料及黏結劑研製[D]．廣州：華南理工大學，2012.

[8]　Sachs E M, Hadjiloucas C, Allen S, et al. Metal and ceramic containing parts produced from powder using binders derived from salt[J], 2003.

[9]　錢超，樊英姿，孫健．三維打印技術製備多孔羥基磷灰石植入體的實驗研究[J]．口腔材料器械，2013, 22 (1)：22-27.

[10]　周攀．黏結劑含量對三維打印 Al_2O_3 基陶瓷材料性能的影響[J]．裝備製造，2014, 14 (4)：317-321.

[11]　Yun Bai, Christopher B. Williams. An exploration of binder jetting of copper[J]. Rapid Prototyping Journal. 2015, 21 (2)：177-185.

[12]　Bredt J F, Anderson T C, Russell D B. Three dimensional printing materials system: US, 6416850[P], 2002-9-7.

[13]　Feenstra F K. Method for making a dental element: US, 6955776[P]. 2002.

[14]　J P F. Introduction to Rapid Prototyping & Manufacturing: Fundamentals of stereo lithography [M]. Dearborn: Society of Manufacturing Engineers, 1992: 1-23.

[15]　張健，芮延年，陳潔．基於 LOM 的快速成形及其在產品開發中的應用[J]．蘇州大學學報（工科版）. 2008 (04)．

[16]　Bernhard Muellera, Detlef K. Laminated object manufacturing for rapid tooling and patternmaking in foundry industry [J]. Computers in Industry. 1999, 39 (1)：47-53.

[17]　Galantucci L M, F. L, G. P. Experimental study aiming to enhance the surface finish of fused deposition modeled parts [J]. CIRP Annals-Manufacturing Technology. 2009, 58 (1)：189-192.

[18]　陽子軒，章晉文，魯宏偉．基於 VC 的 VRML 中複雜物體建模研究[J]．中國水運，2008. 11, 6 (11)：149-151.

[19]　趙昀初，丁友東．OpenGL 與 VRML 在細分幾何造型中的應用[J]．計算機應用與軟件，2011. 11, 21 (11)：62-64.

[20]　李淑娟，陳文彬，劉永，等．基於神經網絡和遺傳算法（的三維打印工藝參數優化[J]．機械科學與技術，2014, 33 (11)：1688-1693.

[21]　符柳，李淑娟，胡超．基於 RSM 的三維打印參數對材料收縮率的影響[J]．機械科學與技術，2013, 32 (12)：1835-1840.

[22]　Lorenz A M, Sachs E M, Allen S M. Techniques for infiltration of a powder metal skeleton by a similar alloy with melting point depressed. US, 6719948 [P]. 2004.

[23]　Sun W, Dcosta D J, Lin F, et al. Freeform fabrication of Ti3SiC2 powder-based structures Part I-Integrated fabrication process[J]. Journal of Materials Processing Technology, 2002, 127: 343-351.

[24]　Williams C B, Cochran J K, Rosen D W. Additive manufacturing of metallic cellular materials via three-dimensional printing [J]. The International Journal of Advanced Manufacturing Technology, 2011, 53: 231-239.

[25]　孫健，熊耀陽，陳萍，等．不同燒結溫度下三維打印成形多孔鈦植入體的實驗研究[J]．國際生物醫學工程雜誌，2012, 35 (6)：332-336.

[26]　封立運，殷小瑋，李向明．三維打印結合化學氣相滲透製備 Si3N4-SiC 複相陶瓷

［J］. 航空製造技術，2012（4）：62-65.

[27] Yujia Wang, Zhao, Y. F. Investigation of Sintering Shrinkage in Binder Jetting Additive Manufacturing Process［J］. Procedia Manufacturing, 2017, 10, 779-790.

[28] Carreno-Morellia E, Martinerieb S, Mucks L, et al. Three-dimentional printing of stainless steel parts［C］. ABC Proceedings of Sixth International Latin-American Conference on Powder Technology. Buzios: ABC, 2007.

[29] Nan B Y, Yin X W, et al. Three-dimensional printing of Ti3SiC2-based ceramics［J］. Journal of American Ceramic Society. 2011. 94（4）：969-972.

[30] Dilip J J S, Miyanaji H, Austin Lassell. A novel method to fabricate TiAl intermetallic alloy 3D parts using additive manufacturing. Defence Technology. 2017, 72-76.

第7章
定向能量沉積技術

7.1 定向能量沉積技術的基本原理

定向能量沉積技術是利用大功率、高能量雷射束聚焦能力極高的特點，瞬時以近似絕熱方式的快速加熱，在極短的時間內使待加工工件的表面微焰，同時將利用同軸送粉方法送至的沉積粉末與基體表面一起熔化後，迅速凝固，從而獲得能夠與基體達到冶金結合的緻密沉積層，並透過機械加工以達到零件的幾何尺寸或強化零件的表面性能，如圖7-1所示。定向金屬沉積成形工藝是一種快速成形工藝，其特徵是採用高功率雷射選擇性熔化同步供給的金屬粉末，在基板上逐層堆積形成金屬零件，其基本原理和一般快速成形技術相同，用在成形平臺上一層層堆積材料的方法來成形零件。材料一般為金屬粉末，輸送方式有同軸式送粉和偏置式送粉。同軸式送粉的粉末流相對雷射束成對稱分布，送粉均勻無方向性；偏置式送粉的粉末流在雷射束一側送入，送粉有方向性。

圖 7-1　定向能量沉積原理

7.2　定向能量沉積技術的適用材料與設備

在直接沉積掃描過程中，雷射加熱產生瞬態和非均勻的溫度分布，材料受熱膨脹，不同區域發生不同程度的膨脹，產生不同的熱應力，冷卻收縮會產生變形，當上層冷卻收縮，由於已沉積層的約束而產生拉應力，一層層積累，就導致整個薄壁翹曲變形。當這種拉應力過大而超過當時溫度下的材料的抗拉極限強度時，就會產生裂紋，導致成形失敗。特別是當零件和基體部分裂開脫離時，零件各部分向基體的傳熱狀態不相同，使層高不穩定，大大降低成形品質。減小變形和避免裂紋缺陷的根本解決方法是盡可能選擇膨脹係數小並且和基體接近的粉末材料。這也是選擇和配製成形材料的基本原則。

國外學者已對不同金屬粉末體系做過試驗，包括 Cu、Pb、Ni-Sn、Fe-Sn、Fe-Cu、Cu-Sn、W-Cu、Cu-Ni、Cu-Sn-Ni-P、Ti6Al4V、316L、Ni 等。結果發現，對於不同粉末體系，上述問題的嚴重程度是不同的。究其原因，各種金屬粉末體系因其化學組分、物理性質等特性的不同，以及相應工藝參數的差異，故雷射燒結成形機制不盡相同，從而導致不同的燒結品質。因此，作為定向能量沉積技術中的共性問題，「球化」效應和燒結變形與材料的成形機制是息息相關的，故有必要從研究金屬粉末體系在定向能量沉積技術的成形機制入手，分析材料特性和工藝參數對成形機制的影響，提出控制和解決上述問題的措施，以改善燒結品質及實現零件的精密成形。

韓國 3D 列印設備製造商 InssTek 因發布了一臺非常小型的桌面金屬 3D 印表機 MX-Mini（圖 7-2）而引起業界的矚目。據稱，這是全球首臺使用定向能量沉積（DED）技術的桌面金屬 3D 印表機，其列印過程如圖 7-3 所示。MX-Mini 基於定向能量沉積原理（實際上包含了 DMT 技術），並在尺寸和重量方面做了最小化處理，使之稱得上是一臺真正的桌面 3D 印表機。儘管整個機器的框架很小，但是 InssTek 努力保持其列印空間最佳化，這臺設備的尺寸為 850mm×950mm×850mm，重 300kg，但列印尺寸可達 200mm×200mm×200mm，並且配備了 3000W 的摻鐿光纖雷射器、一個 PC 控制的觸摸系統、三維運動平臺，還配備了兩個粉料斗，這意味它可以進行多材料列印。InssTek 開發的這臺小型 3D 印表機主要面向科學研究和教育機構，它的小身材可以適應較小的工作空間。當然，InssTek 表示，未來這款設備進一步發展後將進軍航空航太和電子工業應用領域。

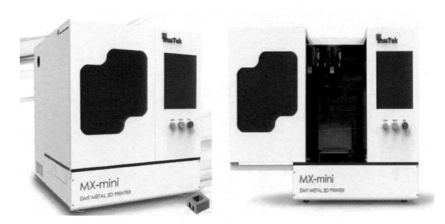

圖 7-2　MX-Mini 設備

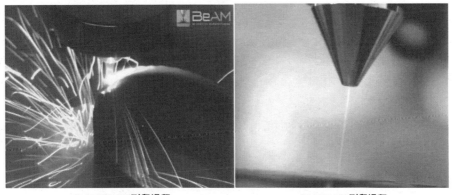

(a) MX-Mini列印過程　　　　　　　　(b) MX-250列印過程

圖 7-3　定向能量沉積設備列印過程

　　燒結輔助材料（添加劑）對改善定向能量沉積製品的燒結性也有一定作用。燒結輔助材料一般是作為稀釋劑或脫氧劑而加入粉末體系中，其添加數量和添加形態對於燒結件的顯微組織和最終性能具有重要的影響。例如，在預合金 SCuP 粉末 DED 中加入少量 P 和 Ag，Ag 元素有效地增加了燒結件的延展性，P 元素的存在致使表面氧氣優先與 P 反應生成磷渣，從而能在液相燒結階段形成金屬-金屬介面，改善潤濕性，抑制「球化」現象。在鐵基粉末 DED 試驗中，將適量的 C 單質作為燒結輔助材料，其作用是降低了鐵基粉末的熔點並減小 Fe 熔體的表面張力和黏度。

　　美國定向能量沉積提供商 BeAM Machines Inc. 推出了新型 Modulo 5 軸 DED 3D 印表機（圖 7-4）。

圖 7-4　新型 Modulo 5 軸 DED 3D 印表機

　　整合、緊湊性和可移植性是新 Modulo 的主要特點。區別於其他能量定向沉積系統將所需的二次設備（如雷射、冷卻器和抽菸機）定位在印表機外殼之外的做法，BeAM Modulo 將所有必需的外圍設備完全集成到機櫃中，大大減少了總占地面積。由於機器的便攜性和緊湊性，它很適合透過集裝箱或傳統的廂式貨車運輸，可以應用於偏遠地區，如海上石油鑽井平臺和軍事衝突地帶。此外，BeAM Machines 將會提供新的 DED 系統，提供標準的選項：2kW 光纖雷射器、完全控制的惰性氣氛系統、多個沉積頭、觸摸觸發探頭和用於乾式加工的輕型銑削主軸，將全部成為 Modulo 的標準功能。

7.3　定向能量沉積技術的優缺點

　　與選擇性雷射熔融技術相比，能量定向沉積技術製備的零部件尺寸更大沉積效率更高，還可根據零件的工作條件和服役性能要求，透過靈活改變局部雷射熔化沉積材料的化學成分和顯微組織，實現多材料、梯度材料等高性能材料構件的直接近淨成形等。但該技術的缺點是只能成形出毛坯，還需要依靠數控加工達到其最終尺寸。

　　對於選擇性雷射熔融列印金屬，工作區域首先必須充滿惰性氣體，這是一個耗時的過程。而對於定向能量沉積技術來說，3D 列印加工過程可以立即開始，因為惰性氣體直接從雷射頭流出並包圍粉末流和熔池。

此外，定向能量沉積技術允許雷射頭和工件更靈活地移動，從而為增加設計自由度和生產更大的部件打開了大門，在航空工業和渦輪機技術等領域具有潛在優勢。

制約定向能量沉積技術的主要因素有：

① 加工效率　這種層層疊加、雷射熔化的加工方式決定了加工效率相對較低，目前市面上的 3D 金屬列印設備層厚在 $10\sim100\mu m$ 之間，普遍的沉積率約 3.8mm/s。

② 表面粗糙度相對較差　目前的金屬 3D 列印製品的粗糙度約為 $Ra\,10\sim50\mu m$ 之間，類似於精密鑄造後的表面狀態。一般都需要後續的拋光處理，但對於內孔等複雜部位則相對困難。

③ 金屬列印裝備及耗材價格昂貴　主流的 250mm×250mm×325mm、400W 雷射器規格的設備，中國設備需人民幣 200 萬～300 萬元，其他國家設備需人民幣 500 萬～600 萬元。

④ 力學性能　目前金屬 3D 印表機加工的產品其力學性能約處於鑄件和鍛件之間，因而對一些關鍵零部件還需要進行後處理，如熱等靜壓或熱處理等。

7.4　定向能量沉積技術的應用領域

7.4.1　石油行業

石油勘探和開發是龐大、複雜的系統工程，對產品的可靠性、安全性、適應性有著許多特殊要求。隨著全球經濟的發展，各國對石油和天然氣的需要直線上升。面對巨大的能源需要，世界範圍內的油氣產能建設和油氣生產卻相對不足，非常規石油天然氣資源開始受到更多關注，如頁岩氣、煤層氣、深海油氣等非常規資源的開發。非常規資源的開採難度大、技術要求高，其開發勢必對石油裝備帶來新的挑戰和更高的要求，而 3D 列印技術可讓工程師實現複雜的設計以應對極端環境帶來的各種挑戰。由於成本、效率等因素的制約，目前金屬 3D 列印在石油行業多用於維修領域，零部件的直接製造則處於嘗試階段，更多的是採用高分子材料進行原型設計。近日，GE 石油天然氣集團在日本的新潟製造工廠採用金屬 3D 列印技術製備了具有特殊結構的梅索尼蘭調節閥部件，該調節閥配件具有複雜形狀，如中空結構、彎曲形狀、網格等特點。結合石

油行業的特點，金屬 3D 列印技術最有可能應用於以下兩個方面。

① 結構複雜且需要多種常規工藝（鑄造、機加工、銲接、鉚接等）組合加工的地面裝備零部件，如具有複雜型腔結構的各種閥類零部件及多孔過濾或者流線型設計的零部件。3D 列印技術能夠製造在傳統製造工藝下無法實現的複雜形狀，使設計人員獲得了前所未有的產品設計自由度；也使得一體化成形成為可能，極大地降低了成本。

② 特殊的井下工具，如連續管井下工具。連續管井下工具是連續管技術的重要構成，是連續管技術應用的關鍵要素，具有安全可靠性要求高以及空間侷限性引起的結構複雜（內部孔道、異型面、裝配複雜等）、小型化等特點，因此要求在滿足功能性的前提下結構盡可能簡單。3D 列印技術不僅可以完美地實現一體化成形，還可快速地將設計好的產品製備出來，使得對於不同的井況和作業定製相應的工具成為可能。例如它可以將一個特殊形狀的部件，從傳統方法的三個月生產週期，縮短至大約兩週來完成。其次是一些個性化工具的應用，最典型的是鑽頭，為了提高破岩效率以及鑽頭的清潔和冷卻效果，鑽頭的設計、加工將更為複雜，3D 列印技術為這些功能的實現提供了可能，目前國外一些研究機構已著手進行這項工作。

7.4.2　軍事領域

美國陸軍坦克車輛研發工程中心（TARDEC）的工程師使用直接沉積金屬工藝修復/再製造國防部地面車輛系統損壞的部件。高度集成的系統工程工藝利用雷射、電腦輔助設計和粉末金屬來重新改裝部件以滿足不同設計和技術升級需要。作為國防部所有有人和無人地面車輛系統的集成單位，TARDEC 負責提供先進的軍用車輛技術。該中心的技術、科學和工程研究人員一直在進行地面系統生存力、動力和機動性、地面車輛機器人、部隊防護、車輛電子學和結構等的尖端研究與開發。

參考文獻

[1] 張小偉. 金屬增材製造技術在航空發動機領域的應用[J]. 航空動力學報, 2016, 31 (1): 10-16.

[2] 姚純, 胡進, 史建軍, 等. 改進刮板式送粉器用於激光直接金屬沉積成形[J]. 機械製造, 2006, 44 (8): 26-28.

[3] Arkhipov V A, Berezikov A P, Zhukov A S, et al. Laser diagnostics of the centrifugal nozzle spray cone structure[J]. Russian Aeronautics, 2009, 52 (1): 120-124.

[4] 王華明. 高性能大型金屬構件激光增材製造: 若干材料基礎問題[J]. 航空學報, 2014, 35 (10): 2690-2698.

[5] 吳任東, 王青崗, 顏永年, 等. 直接金屬沉積成形工藝研究[J]. 熱加工工藝, 2004 (1): 1-3.

[6] Pessard E, Mognol P, HascoT J Y, et al. Complex cast parts with rapid tooling: rapid manufacturing point of view[J]. The International Journal of Advanced Manufacturing Technology, 2008, 39 (9-10): 898-904.

[7] 徐國賢, 顏永年, 郭戈, 等. 直接金屬沉積成形工藝的 RP 軟件研究[J]. 新技術新工藝, 2003 (2): 31-34.

[8] 李小麗, 馬劍雄, 李萍, 等. 3D 打印技術及應用趨勢[J]. 自動化儀表, 2014, 35 (1): 1-5.

[9] 任武, 徐雲喜, 譚文鋒, 等. 金屬 3D 打印技術及其在石油行業應用展望[J]. 石油和化工設備, 2015, 18 (12): 22-26.

[10] 梓文. 直接金屬沉積工藝[J]. 兵器材料科學與工程, 2015 (1).

第8章

積層成形技術

積層成形（sheet lamination，SL）包括分層實體製造（laminated object manufacturing，LOM）和超音積層製造（ultrasonic additive manufacturing，UAM）。

在 SL 過程中，形成各層連接的比能 W^* 由式(8-1) 給出：

$$W^* = \rho c T \tag{8-1}$$

式中，ρ 為所用箔材的密度；c 為比熱容；T 為箔材的分解溫度。層合過程的每層成像時間 t_{image}：

$$t_{image} = W^* A c l_1 / P \tag{8-2}$$

因此，實體製造速度為：

$$v = \frac{l_1}{\dfrac{W^* A c l_1}{P} + t_{reset}} \tag{8-3}$$

式中，P 為所用切割雷射的功率；A 為箔材的加工面積；l_1 為箔材厚度；t_{reset} 為該層其他時間的總和。

8.1 分層實體製造技術

8.1.1 分層實體製造技術原理及過程

分層實體製造技術以紙、金屬箔、塑膠等箔材固體為原材料，主要用於製造模具、模型及部分結構件。它是透過材料的逐層疊加來實現成形的一種方式，因此也稱為薄層材料選擇性切割。在材料表面塗上熱熔膠，透過熱壓輥碾壓黏結成一層，用雷射束按照分層處理後的 CAD 模型對表面輪廓進行掃描切割，由此實現零件的立體成形。而每個箔材上剩餘的材料可以透過真空吸收進行移除，也可以直接保留下來作為下一層箔材的支撐。在實際應用當中是在以箔材幾何資訊的基礎上，透過數控雷射機在箔材上對本層的輪廓進行切除，將非零件部分去除之後在本層上方再鋪設一層箔材，透過加熱輥對其進行碾壓處理之後對黏合劑進行固化，以此使新鋪設的箔材能夠在已成的形體當中牢固黏結。之後，對該層的輪廓進行切割，反覆以該方式處理，直至加工完成。

分層實體製造技術過程主要分為前處理、分層疊加成形、後處理三個步驟。

（1）前處理

前處理即電腦建模階段。此時，需要透過三維造型軟體（如 Pro/E、

UG、SOLIDWORKS）對產品進行三維模型建模，將製作出來的三維模型轉換為 STL 格式，再將 STL 格式的模型導入切片軟體中進行切片。

（2）分層疊加成形

在製造模型時，工作檯需頻繁起降，所以須將原型的疊件與工作檯牢牢連在一起，這就需要製造基底。通常的辦法是設置 3～5 層的箔材作為基底，但有時為了使基底更加牢固，可以在製作基底前對工作檯進行加熱。

在基底完成之後，快速成形機可根據事先設定的工藝參數自動完成原型的加工製作。工藝參數的選擇與選型製作的精度、速度以及品質密切相關。重要的參數有雷射切割速度、加熱輥熱度、雷射能量、破碎網格尺寸等。

原型製作的工藝過程如圖 8-1 所示：箔材運動至成形平臺生坯上方；雷射器根據目標形狀要求對箔材進行切割得到目標箔材，使目標箔材與原料箔材分離；輥子滾壓箔材，使目標箔材與平臺上坯體緊密貼合；噴灑器向箔材噴水，使原本乾燥箔材表面黏合劑溶解，具有黏結能力；平臺下降一層；完整原料箔材運動至坯體上方。重複進行上述步驟，直到製得完整目標坯體。

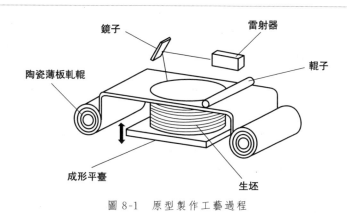

圖 8-1　原型製作工藝過程

（3）後處理

後處理包括餘料去除和後置處理。餘料去除是在製作的模型完成列印之後，把模型周邊多餘的材料去除，留下模型。後置處理是將餘料去除以後，為提高原型表面品質，對原型進行後置處理。後置處理包括了防水、防潮等。經過後置處理，製造出來的原型達到快速原型表面品質、尺寸穩定性、精度和強度等要求。在後置處理中的表面塗覆可以提高原

型的強度、耐熱性、抗濕性，延長使用壽命，改善表面光潔度以及更好地用於裝配和功能檢驗。

分層實體製造還可以根據箔材之間的黏結機理進行進一步的分類，如黏結、熱合、夾緊等。

8.1.2　分層實體製造技術優缺點

（1）分層實體製造的優勢

① 製作成本低；

② 可加工尺寸較大的零件，廢料容易從主體剝離，後處理過程相對簡單；

③ 可選用的材料較多，理論上講，任何可切成箔材的材料均可應用，例如紙、塑膠、金屬、纖維及其複合物等；

④ 不需要預先設置支撐結構，因為它透過固態材料製作模型；

⑤ 由雷射切割技術輔助，減少列印步驟，成形速度快，降低了生產複雜零件需要的時間。成形速度大約能達到其他工藝的 5～10 倍；

⑥ 可以進行切削加工。

（2）分層實體製造的侷限性

① 精度相對較低，表面品質差，各層之間存在「臺階效應」，力學性能各個方向差異較大；

② 減堆積的生產方式使得材料浪費嚴重；

③ 移除模型時會影響模型的表面品質；

④ 不適合於製作帶有空洞與凹角的模型等；

⑤ 有雷射損耗，需要建造專門的實驗室，維護費用昂貴；

⑥ 難以成形形狀精細、多曲面的零件，限於結構簡單的零件；

⑦ 製作時候，加工室溫度過高，容易引發火災，需要專人看守；

⑧ 需要較高的製造溫度，導致殘熱現象，有效控制殘熱現象是提高分層實體製造技術的關鍵。

在設備方面，美國 Helisys 公司已推出 LOM-1050 和 LOM-2030 兩種型號成形機。

8.2　超音積層製造技術

超音積層製造技術是在超音波銲接技術的基礎上發展起來的，該技

術採用大功率超音能量，原材料為金屬箔材，金屬層間的振動摩擦產生的熱量使得材料局部發生劇烈的塑性變形，進而達到原子間的物理結合，是實現同種或者異種金屬間固態連接的一種特殊方法。

超音積層製造技術可以看作是包括數控銑削和超音波金屬銲接在內的一種複合薄板加工工藝。它的基礎是超音波疊層材料的快速固化成形，實際是一種大功率超音波金屬銲接過程。金屬連接過程無需向工件施加高溫熱源，在靜力作用下將彈性振動的能量轉化為工件介面的摩擦功、形變能及溫升。此時，固結區域的金屬原子被瞬間激活，透過金屬塑性變形過程中介面處的原子相互擴散滲透，實現金屬間的固態連接。類似於摩擦焊，但其銲接時間很短，局部銲接溫度低於金屬的再結晶溫度。相比於壓力焊，其所需要的靜壓力小得多。圖 8-2 為金屬箔材超音波固結原理示意。

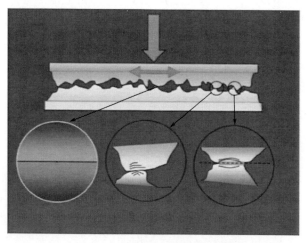

圖 8-2　金屬箔材超音波固結原理

（1）超音積層製造技術的優勢

① 無需使用雷射、電子束等高能裝置，溫度低、變形小（成形後無需進行應力退火）、成形速度快、能耗小、環保；

② 工藝簡單、固態連接成形精度高且材料應力低；

③ 結合強度高且能固結異種金屬材料；

④ 原材料是採用一定厚度的普通商用金屬帶材，如鋁帶、銅帶、鈦帶、鋼帶等，而不是特殊的積層製造專用金屬粉末，所以原材料來源廣泛，價格低廉；

⑤ 由於該技術的製造過程是低溫固態物理冶金反應，因而可把功能元件植入其中，製備出智慧結構和零部件。

（2）超音積層製造技術成形的侷限性

① 中國超音波金屬銲接技術與裝備不夠完善，它停留在點焊、滾焊等點、線銲接層面，遠沒有達到面與面間的大尺度銲接能力；

② 中國相關研究起步較晚，且受制於歐美等發達國家長期以來的技術封鎖。因受換能器壓電陶瓷轉換效率的制約，實際輸出的超音能量難以大幅提高；

③ 超音波積層製造技術的工藝適用範圍和加工能力還不能滿足厚度大和強度高金屬板材的積層製造。

在設備方面，美國率先研發了國際上第一臺利用超音波能量固結成形的非高能束成形積層製造裝備，如圖 8-3 所示，其技術指標見表 8-1。

圖 8-3　美國研發的第三代非高能束成形積層製造裝備

表 8-1　美國研發的超音波非高能束成形積層製造裝備技術指標

型號	第一代	第二代	第三代
換能器功率/kW	4.5	9(4.5)	9
最大載荷/N	11000	11000	22000
工作空間大小/mm	500×300×150	1000×600×600	1800×1800×900
銑削製造功能	無	3 軸 CNC 加工	3 軸 CNC 加工
送料方式	手動	自動	自動

8.3　積層成形技術的適用材料

8.3.1　分層實體製造技術的成形材料

　　分層實體製造技術的成形材料一般由薄片材料和熱熔膠兩部分組成。其中薄片材料是根據構建模型的不同的性能要求進行選擇。用於分層實體製造的熱熔膠按照基體樹脂劃分為：乙烯-醋酸乙烯酯共聚物（EVA）型熱熔膠、聚酯類熱熔膠、尼龍類熱熔膠或者其他的混合物。目前，EVA 型熱熔膠應用最廣。其中，在構建的模型對基體薄片材料有性能要求：抗濕性、良好的浸潤性、抗拉強度、收縮率小、剝離性能好。對熱熔膠的性能要求則為：良好的熱熔冷固性能（室溫下固化）、在反覆「熔融-固化」條件下其物理化學性能穩定、熔融狀態下於薄片材料有較好的塗掛性和塗勻性、足夠的黏結強度、良好的廢料分離性能。分層實體製造工藝採用薄片材料，如紙、塑膠薄膜等，片材表面事先塗覆上一層熱熔膠。

　　① 金屬間化合物：因具有高比強度、高彈性模量、高抗氧化性、良好的抗腐蝕性以及低密度等特性，使其具有廣闊的應用前景。由於金屬間化合物的固有脆性和環境脆性，其在室溫下的塑性和韌性較低，嚴重限制了金屬間化合物的進一步應用，金屬-金屬間化合物疊層複合材料既可以保留金屬間化合物的高溫強度，又可以繼承金屬在室溫下的良好的塑性和韌性。

　　② 陶瓷薄片材料：近年來，陶瓷的積層製造逐步成為研究焦點，目前應用於分層實體製造技術的陶瓷薄片材料，其製備技術已經成熟，成本較低，可以迅速獲得原材料。

　　③ 塑膠薄膜和複合材料薄片。

　　④ 紙片薄片：紙片薄片應用最為廣泛，其他材料大多在研發中。

8.3.2　超音積層製造技術的成形材料

（1）金屬

　　超音積層製造技術早期用於製備強度低、塑性好而且易於冶金結合的同種金屬疊層材料體系，如鋁箔（Al3003、Al6061 等）。隨著超音波裝備中關鍵部件換能器技術的發展，超音波固結功率從 3k～4kW 提升至

9kW，使其成形能力進一步提高，該技術逐漸被應用於製備強度高的同種或異種金屬疊層材料，如退火 316L、Cu/Cu、Ti/Al、Al/Cu 等。

① 金屬蜂窩夾芯板結構　超音波積層製造技術的一個應用是金屬蜂窩夾芯板的製造。圖 8-4 所示為所製造的金屬蜂窩夾芯板。

圖 8-4　金屬蜂窩夾芯板

② 金屬疊層零部件製造　超音波積層製造技術能夠製造出內腔複雜、精確的疊層結構，所以近年來在金屬零部件製造領域中的應用前景明顯。逐層製造的特點使得很容易設計並製造出獨特的內部結構，可應用於精密電子元件的封裝［圖 8-5(a)］，鋁合金航空零部件［圖 8-5(b)］的快速製造和鋁合金微通道熱交換器［圖 8-5(c)］等零部件及結構件的製造。

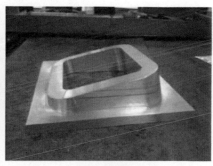

(a) 精密電子元件封裝結構　　　　　　　(b) 鋁合金航空零部件

(c) 鋁合金微通道熱交換器

圖 8-5　應用超音波積層製造技術的典型零件

（2）纖維增強疊層金屬複合材料

由於該技術具有低溫製備的優點，在纖維增強疊層金屬複合材料獲得了應用。

（3）功能/智慧材料

利用超音波積層製造技術已經成功地在金屬基體中埋入光導纖維、多功能元裝置等，從而製造出金屬基功能/智慧複合材料。圖 8-6 所示為鋁基體中使用超音波積層製造方法嵌入光纖材料的功能材料。

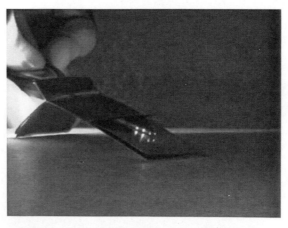

圖 8-6　超音波積層製造製備的光纖功能材料

參考文獻

[1] Jian-Yuan Lee, Jia An, Chee Kai Chua. Fundamentals and applications of 3D printing for novel materials［J］. Applied Materials Today 7 (2017)：120-133.

[2] 楊少斌，陳樺，張耿，等．疊層實體工藝製備可控孔隙結構多孔陶瓷［J］. 陶瓷學報，2019, 40 (1)：67-71.

[3] 方靜．現代機械的先進加工工藝與製造技術綜述［J］. 機械管理開發，2018 (8)：245-246.

[4] 陳志茹，夏承東，李龍，等. 3D 打印技術研究概況［J］. 金屬世界，2018 (4)：9-19.

[5] 徐鋒．三維打印技術研究［J］. 信息技術，2015, 98-101.

[6] 桑健，王波，朱訓明，等. T2 銅箔熱輔助超聲波增材製造工藝［J］. 材料導報，2018, 32 (9)：3199-3207.

[7] 焦飛飛，楊勇鵬，陸子川，等．超聲波金屬快速增材製造成形機理研究進展［J］. 中國材料進展，2016, 35 (12)：950-959.

[8] 邸浩翔，張琪琪，安曉光，等. 3D 打印陶瓷技術的研究進展［J］. 山東陶瓷．2018, 41 (3)：18-24.

[9] Xiaoping Shu, Rongliang Wang. Thermal residual solutions of beams, plates and shells due to laminated object manufacturing with gradient cooling［J］. Composite Structures, 2017, 174：366-374.

[10] VRIES E D. Mechanics and mechanisms of ultrasonic metal welding［D］. Columbus: The Ohio State University, 2004.

[11] 3D metal printing technology without the compromise［EB/OL］. 2015-11-08. http://fabrisonic.com/ultrasonic-additive-manufacturing-overview/.

[12] WARD C C M, MINOR R, DOORBAR P J. Intermetallic-matrix composites-a review［J］. Intermetallics, 1996, 4 (3)：217-229.

[13] YAMAGUCHI M, INUI H, ITO K. High-temperature structural intermetallics［J］. Acta Materialia, 2000, 48 (1)：307-322.

[14] FLEISCHER R L, DIMIDUK D M, LIPSITT H A. Intermetallic compounds for strong high-temperate materials: status and potential［J］. Annual Review of Materials Science, 1989, 19 (1)：231-263.

[15] 孔凡濤，孫巍，楊非，等．金屬—金屬間化合物疊層複合材料研究進展［J］. 航空材料學報．2018, 38 (4)：37-46.

[16] Kong C Y, Soar R C, Dickens P M. Materials Science and Engineering A［J］. 2003, 363 (1)：99-106.

[17] Kong C Y, Soar R C, Dickens P M. Journal of Materials Processing technology［J］, 2004, 146 (2)：181-187.

[18] Ram G D J, Yang Y. Journal of Manufacturing Systems［J］, 2006, 25 (3)：221-238.

[19] Gonzalez R, Stucker B. Rapid Prototyping Journal［J］, 2012, 18 (2)：172-183.

[20] Sano T, Catalano J, Casem D, et al. Microstructural and Mechanical Behavior Characterization of Ultrasonically Consolidated Titanium-Aluminum Laminates ［R］. USA Army Research Lab Aberdeen Proving Ground Md Weapons And Materials Research Directorate, 2009.

[21] Hopkins C D, Dapino M J, Fernandez S A. Journal of Engineering Materials and Technology ［J］, 2010, 132 （4）：0410061-0410069.

[22] Truog A G. Dissertation for Master （碩士論文）［D］. USA：The Ohio State University, 2012.

[23] Ramet G D J, Johnson D H, Stucker B E . Virtual and Rapid Manufacturing［J］, 2008：603-610.

[24] Sriraman M R, Babu S S, Short M. ScriptaMaterialia［J］, 2010, 62 （8）：560-563.

[25] FRIEL R J, HARRIS R A. Ultrasonic additive manufacturing-a hybrid production process for novel functional products［J］. Procedia CIRP, 2013, 6 (8)：35-40.

[26] VRIES E D. Mechanics and mechanisms of ultrasonic metal welding［D］. Columbus：The Ohio State University, 2004.

[27] GEORGE J, STUCKER B. Fabrication of lightweight structural panels through ultrasonic consolidation ［J］. Virtual and Physical Prototyping, 2006, 1 （4）：227-241.

[28] KONG C Y, SOAR R. Method for embedding optical fibers in an aluminum matrix by ultrasonic consolidation［J］. Applied Optics, 2005, 44 （30）：6325-6333.

聚合物積層製造技術

編　　著：焦志偉，于源，楊衛民

發 行 人：黃振庭

出 版 者：崧燁文化事業有限公司

發 行 者：崧燁文化事業有限公司

E-mail：sonbookservice@gmail.com

粉 絲 頁：https://www.facebook.com/sonbookss/

網　　址：https://sonbook.net/

地　　址：台北市中正區重慶南路一段六十一號八樓 815 室

Rm. 815, 8F., No.61, Sec. 1, Chongqing S. Rd., Zhongzheng Dist., Taipei City 100, Taiwan

電　　話：(02)2370-3310

傳　　真：(02)2388-1990

印　　刷：京峯數位服務有限公司

律師顧問：廣華律師事務所 張珮琦律師

定　　價：450 元

發行日期：2024 年 04 月第一版

◎本書以 POD 印製

國家圖書館出版品預行編目資料

聚合物積層製造技術 / 焦志偉，于源，楊衛民 編著 . -- 第一版 . -- 臺北市：崧燁文化事業有限公司，2024.04

面；　公分

POD 版

ISBN 978-626-394-123-6(平裝)

1.CST: 印刷術 2.CST: 技術發展

477　　　113002992

電子書購買

臉書

爽讀 APP